全国高等院校水利水电类精品规划教材

水工建筑物安全监测与控制

主　编　杨　杰　李宗坤　林志祥　任　杰
主　审　陈尧隆

U0286240

黄河水利出版社
·郑州·

内 容 提 要

本书是全国高等院校水利水电类精品规划教材,是水利水电工程专业水工建筑物安全监测与控制课程的教学用书。全书共分 6 章,包括绪论、水工建筑物安全监测设计、安全监测仪器及监测自动化、仪器埋设安装与监测实施方法、监测数据处理与建模分析、安全性态综合评判与决策。

本书除可作为水利水电工程专业本科生的教材外,还可供其他相关专业的师生作为教学参考书和有关工程技术人员的参考书。

图书在版编目(CIP)数据

水工建筑物安全监测与控制/杨杰等主编 . —郑州:
黄河水利出版社,2012.8 (2021.7 重印)
全国高等院校水利水电类精品规划教材
ISBN 978-7-5509-0107-0

Ⅰ.①水… Ⅱ.①杨… Ⅲ.①水工建筑物-安全
监测-高等学校-教材 Ⅳ.①TV698.1

中国版本图书馆 CIP 数据核字(2011)第 174574 号

策划编辑:李洪良   电话:0371-66026352   E-mail:hongliang0013@ 163.com

出 版 社:黄河水利出版社   网址:www.yrcp.com
           地址:河南省郑州市顺河路黄委会综合楼 14 层   邮政编码:450003
发行单位:黄河水利出版社
           发行部电话:0371-66026940、66020550、66028024、66022620(传真)
           E-mail:hhslcbs@ 126.com
承印单位:河南承创印务有限公司
开   本:787 mm×1 092 mm   1/16
印   张:12.25
字   数:284 千字   印数:3 101—4 100
版   次:2012 年 8 月第 1 版   印次:2021 年 7 月第 2 次印刷

定   价:27.00 元

出版者的话

　　近年来,随着我国对基础设施建设投入的加大,水利水电工程建设也迎来了前所未有的黄金时间。截至 2006 年,全国已建成堤防 28.08 万公里,各类水库 85 849 座,2006 年水利工程在建项目 4 614 个,在建项目投资总规模达 6 121 亿元(《2006 年全国水利发展统计公报》)。水利水电工程的大规模建设对设计、施工、运行管理等水利水电专业人才的需求也更为迫切,如何更好地培养适应现今水利水电事业发展的优秀人才,成为水利水电专业院校共同面临的课题。作为水利水电行业的专业性科技出版社,我社长期关注水利水电学科的建设与发展,并积极组织水利水电类专著与教材的出版。

　　在对水利水电类本科层次教材的深入了解中,我们发现,以应用型本科教学为主的众多水利水电类专业院校普遍缺乏一套完整构建在校本科生专业知识体系又兼顾实践工作能力的教材。在广泛调研与充分征求各课程主讲老师意见的基础上,按照高等学校水利学科专业教学指导委员会对教材建设的指导精神与要求,并结合教育部实施的多层次建设、打造精品教材的出版战略,我社组织编写了本系列“全国高等院校水利水电类精品规划教材”。

　　此次规划教材的特点是:

　　(1)以培养水利水电类应用型人才为目标,充分重视实践教学环节。

　　(2)在依据现有的专业规范和课程教学大纲的前提下,突出特色,力求创新。

　　(3)紧扣现行的行业规范与标准。

　　(4)基本理论与工程实例相结合,易于学生接受与理解。

　　本系列教材除了涵盖传统专业基础课及专业课外,还补充了多个新开课程的教材,以便于学生扩充知识与技能,填补课堂无合适教材可用的空缺。同时,部分教材由工程技术人员或有工程设计施工从业经历的老师参与编写,也是此次规划教材的创新。

　　本系列教材的编写与出版得到了全国 21 所高等院校的鼎力支持,特别是三峡大学党委书记刘德富教授和华北水利水电学院副院长刘汉东教授对系列教材的编写与出版给予了精心指导,有效保证了教材出版的整体水平与质量。在此对推进此次规划教材编写与出版的各院校领导和参编老师致以最诚挚的谢意,是他们在编审过程中的无私奉献与辛勤工作,才使得教材能够按计划出版。

　　“十年树木,百年树人”,人才的培养需要教育者长期坚持不懈的努力,同样,好的教材也需要经过千锤百炼才能流传百世。本系列教材的出版只是我们打造精品专业教材的开始,希望各院校在对这些教材的使用过程中,提出改进意见与建议,以便日后再版时不断改正与完善。

黄河水利出版社

全国高等院校水利水电类精品规划教材

编审委员会

前　言

随着经济发展和科学技术的进步，世界各国建坝数量逐年增多，坝高和体积不断增大，而坝址、地基的条件却更加复杂，一些经过长期运用的大坝会由于不同程度的老化、病变、裂缝等因素产生新的缺陷和安全隐患，如果不能及时发现和排除这些隐患，将会时刻影响着大坝的安全运行和水库综合效益的发挥，同时给下游的城镇、交通及人民的生命财产造成威胁，甚至带来严重的灾难性事故。因此，如何提高坝的安全性和经济性已成为迫切需要解决的实际问题，从而对大坝安全监测及资料分析提出了更高的要求，也促进了监测方法和资料分析方法更快的发展。

本书以水工建筑物安全监测理论为基础，紧密结合工程实际，系统地论述了水工建筑物安全监测与控制方面的有关知识和方法，为学生初步建立起水利工程安全监测与控制的知识体系和工程认识，为今后从事水利水电工程设计、施工、管理和科学研究等方面的工作奠定了基础。

《水工建筑物安全监测与控制》是结合水利水电工程安全监测实际，根据水利水电工程及相关专业教学需要而编写的专业教材，可作为水利水电工程专业本科生学习用书，也可作为相关专业研究生、本科生以及水利水电工程技术人员的学习参考书。

本书共分 6 章，包括绪论、水工建筑物安全监测设计、安全监测仪器及监测自动化、仪器埋设安装与监测实施方法、监测数据处理与建模分析、安全性态综合评判与决策等内容。本书由西安理工大学杨杰、郑州大学李宗坤、云南农业大学林志祥、西安理工大学任杰担任主编，由杨杰负责组织协调工作和统稿。全书由西安理工大学陈尧隆教授主审。具体编写分工如下：第一、二章由西安理工大学杨杰编写，第三章由华北水利水电学院刘凤莲编写，第四章由云南农业大学林志祥编写，第五章由西安理工大学杨杰、任杰编写，第六章由郑州大学李宗坤编写。西安理工大学马婧、武小龙、闵江涛、李埔、王亮、董航凯、江德军、尹吉娜等研究生在文字录入、绘图、排版等方面做了大量细致的工作，谨以致谢。

对本书所参阅文献的所有作者致以衷心的谢意！

由于作者水平有限，不当之处在所难免，恳请读者批评指正。

编　者

2011 年 5 月

目 录

第 1 章 绪 论

【本章内容提要】

(1)简要介绍我国水资源及其开发现状；

(2)简要介绍水工建筑物的安全条件；

(3)重点介绍水工建筑物安全监控的必要性与开展相关研究的意义；

(4)重点介绍水工建筑物安全监测研究的国内外现状；

(5)详细介绍水工建筑物安全监测新技术与方法；

(6)详细介绍监测仪器与测控系统的发展状况；

(7)分析水工建筑物安全监控的发展趋势。

1.1 我国水资源及其开发现状

1.1.1 我国水资源状况及特点

我国幅员辽阔，江河众多，河川总长 42 万 km，流域面积超 100 km^2 的河流 5 000 多条，超 10 000 km^2 的 97 条；面积超 1 km^2 的湖泊约 2 800 个，超 100 km^2 的约 130 个。我国年均降雨量 648 mm，年降水总量约 6.19 万亿 m^3，河川平均年径流总量约 2.6 万亿 m^3，占全球的 5.5%。

我国水资源特点：①水资源相对丰富，排全球第 4 位，但人均占有量低，仅为世界人均量的 1/4。②水资源、水能资源在地区上分布不均，水土资源分布极不平衡。其中，水资源分布东南多、西北少，由东南向西北递减；水能资源蕴藏量的 82.5% 集中在西部省区；长江流域以北地区的耕地面积占全国的 67%，但地表水资源仅占 30%。③水量在年内分配不均，年际变化很大。受季风气候影响，我国降雨量与径流量主要集中在 5 ~ 9 月的汛期，非汛期则水量缺乏，大部分地区冬春少雨、夏秋多雨，这也正是我国水旱灾害频发的自然根源。因此，需要修建各种水利设施来调节和平衡水量，以减少水旱灾害。

1.1.2 我国水资源开发现状

我国水能资源丰富，理论蕴藏量为 6.76 亿 kW，技术可开发装机容量 5.42 亿 kW，均居世界首位，具体分布情况见图 1-1。截至 2010 年年底，我国水电总装机容量达 1.72 亿 kW，成为世界第一水电大国；建成各类水库 87 873 座，其中大型水库(库容 1 亿 m^3 以上)552 座，中型水库(库容 0.1 亿 m^3 ~ 1 亿 m^3)3 269 座，小型水库(库容 10 万 ~ 0.1 亿 m^3)84 052 座。累计建成江河堤防长达 29.41 万 km，保护人口 6.0 亿人，保护耕地 4.7 × 10^3 万 hm^2。多年来，这些水库大坝及堤防在防洪、灌溉、供水、发电、航运、渔业和旅游等方面发挥了重要作用，为我国的发展带来了巨大的经济效益和社会效益。

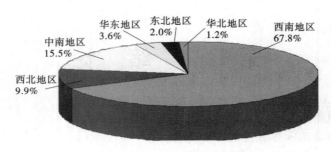

图 1-1   全国可开发水能资源分布图

1.2   水工建筑物的安全条件

通常,系统破坏或失事是指系统不能达到所期望的满意的功能。因此,水工建筑物的安全条件就是建筑物能实现其自身应有的设计预期功能。

可以定义水工建筑物的失事概率 P_f 为广义荷载 L 大于广义抗力(承载能力)R 的概率:

$$P_f = P \quad (L > R) \tag{1-1}$$

其中,广义荷载 L 和广义抗力 R 各自的影响因素众多,都是相关影响变量的多元函数,即

$$L = f(x_1, x_2, x_3, \cdots, x_n) \tag{1-2}$$
$$R = g(y_1, y_2, y_3, \cdots, y_n) \tag{1-3}$$

近些年来,国内外在工程安全可靠度方面的研究有了一定的进展。因此,有必要明确水工建筑物失事风险与可靠度之间的区别和联系。

可靠性和风险性分别指系统完成某些特定功能的可靠程度和不可靠程度。可靠度用来度量系统或结构体系的安全性或可靠性,它定义为在规定时间内和规定条件下结构或系统完成预定功能的概率,表示为 P_s;相反,如果结构或系统不能完成预定的功能,则称相应的概率为失效概率,也即失事风险,表示为 P_f,P_s 与 P_f 是互补的,即二者满足 $P_f = 1 - P_s$。

1.3   水工建筑物安全监测的必要性

随着世界各国水利水电事业的发展,水工建筑物安全问题也显得越来越突出。一方面,由于水文、地质、施工质量、运行管理以及建筑物老化等多方面不确定因素的影响,水工建筑物在一定程度上存在着不安全因素;另一方面,随着水资源的进一步开发和利用,水利工程面临的自然条件也越来越复杂,同时,水工建筑物的规模也在逐渐增大,正朝着高大型方向发展。

20 世纪 30 年代以来,国际上相继发生了圣佛西斯、马尔巴塞(法)、提堂坝(美)等著名的垮坝事件,我国也先后发生了石漫滩、板桥(1975 年)洪水漫顶以及沟后水库(1993 年)渗透破坏等垮坝事件(见图 1-2 ~ 图 1-4),这些大坝的失事给相关国家带来了惨重的

灾害和巨大的经济损失。水工建筑物安全问题的日益突出，使得各国政府和坝工界开始对水工建筑物安全监控更加重视，并制定了一系列安全法规。国际水工建筑物安全委员会 1964 年正式成立了水工建筑物失事安全委员会，针对涉及水工建筑物安全的相关问题进行探讨和研究，以指导各国的水工建设。从 1958 年至 1988 年的 11 次国际水工建筑物会议中，就有 9 次讨论了与水工建筑物安全监控有关的各种课题，足以说明水工建筑物安全监控的重要程度。

惨痛的教训使人们逐渐认识到，必须针对不同水工建筑物的具体情况和特点，设置相应的安全监控项目，对水工建筑物变形、渗流、应力应变等进行连续而全面的监测，并对实测数据进行及时处理和分析，在此基础上实现对水工建筑物安全性态的实时评判，以馈控水工建筑物的安全和运行。

图 1-2 "75·8"特大洪水石漫滩水库溃坝景象　　图 1-3 国外大坝失事——印度孟买"05"洪水

图 1-4 国内大坝失事——"75·8"特大洪水板桥水库大坝溃坝景象

1.4 开展水工建筑物安全监测研究的重要意义

加强水工建筑物安全监测与控制及其相关问题的研究，对于确保水工建筑物安全、反馈设计及施工、为水工建筑物运行管理提供决策依据等方面都有着十分重要的意义，具体体现在以下几个方面：

（1）有助于认识各种观测量的变化规律和成因机理，以确保水工建筑物安全。水工建筑物运行中，结构性态、基础状况以及环境量等各种条件在随时间不断变化，因此水工建筑物的安全状况也随之变化。对水工建筑物安全监测资料及相应的结构、基础性态进行研究计算和模拟，有助于认清各种观测量的变化规律以及各种变化的物理成因，从而能及时发现隐患，以确保水工建筑物安全。

（2）反馈水工建筑物设计、指导施工和水工建筑物运行，推动坝工理论的发展。由于水工建筑物及其坝基的工作条件复杂，相关荷载、计算模型及有关参数的确定总是带有一定的近似性，因而现有的水工设计还难以和工程实际完全吻合。因此，利用水工建筑物安全监测资料进行正反分析，不仅能及时评价水工建筑物和坝基的工作性态，还能依据设计、施工方案对在建或拟建水工建筑物提出反馈意见，达到检验和优化设计、指导施工的目的。

（3）提高水工建筑物运行综合效益。通过水工建筑物安全监测与数据处理分析，可以及时发现问题，并在进行物理成因分析的基础上采取相应措施，以确保水工建筑物安全和延长水工建筑物运行寿命，提高水工建筑物运行的社会经济综合效益。

1.5　水工建筑物安全监测的国内外现状

1.5.1　水工建筑物安全监测的历史发展

20世纪20年代以来，人们开始意识到水工建筑物安全的重要性，各国专家、工程技术人员纷纷开始对水工建筑物安全监测的各个环节进行研究。70年代后，随着微电子技术、计算机技术、传感器技术和通信技术等相关学科的发展，水工建筑物安全监测技术及其相关研究也得到了迅速的发展；80年代末至90年代初，水工建筑物安全自动化监测也有了实质性的发展，并逐渐趋于成熟化与实用化。国内水工建筑物安全监测工作则从20世纪50年代中期开始，研究起步晚，发展相对缓慢。但从80年代以来，我国的水工建筑物安全监测工作及相关研究的总体水平有了很大发展，某些方面已处于国际领先水平。

1.5.2　水工建筑物安全监测的国内外研究现状

除监测仪器研发、仪器系统埋设安装和现场监测外，有关水工建筑物安全监测的研究工作可以大致分为以下几个方面，即：观测资料的误差处理与分析，观测资料与水工建筑物运行性态的正分析，观测资料与水工建筑物运行性态的反分析，反馈分析与安全监测指标的拟定，水工建筑物安全综合评判与决策。在经过近半个世纪的发展后，国内外水工建筑物安全监测的各项研究工作已经取得了长足的发展。

1.5.2.1　监测数据误差处理与分析

在利用水工建筑物安全监测资料进行正反分析前，首先应对原始测值资料进行误差处理与分析，以确保正确反映水工建筑物的实际运行状况。按照测量误差对观测结果的影响，一般可将误差分为系统误差、随机误差和粗差三类。在测量过程中，应当剔除粗差，消除或削弱系统误差,使观测值中仅含随机误差。测量误差分析的方法一般有测值范围检验分析法、数学模型分析法及统计检验法等。

系统误差由观测的环境因素、仪器性能、不同观测者等因素造成,它按某一确定的规律变化,在多次重复观测中系统误差的数值大小和符号几乎相同。系统误差可分为定值系统误差和变值系统误差,其一般处理方法是设法找出系统误差的函数表达式,然后在观测结果中加以扣除。定值系统误差只引起随机误差在分布曲线位置上的平移,而不改变随机误差的分布规律,一般只能通过分析和试验的方法予以发现及消除。变值系统误差的发现、分离和消除方法与变值的规律有关,常见有剩余误差(残差)代数和法、剩余误差符号检验法、序差检验法以及对称消除法等。系统误差由数学模型结果判别,若实测过程线趋势性地偏离模型拟合过程线,则认为实测值有系统误差,并以偏离点为界,进行分段分析,以剔除系统误差的影响。

随机误差由随机因素造成,其符号和绝对值大小无规律且不可预料,但随着测次增加,一般认为随机误差呈正态分布,其期望均值为零。

粗差(过失误差)是由某些不正常因素所造成的与事实明显不符的一种误差,通常属于测量错误,这种误差较易被发现,应予以剔除。判别粗差常用莱因达准则,即凡剩余误差(残差) $|v_i| > \pm 3\sigma$ 的为过失误差。

目前,广泛采用最小二乘法对水工建筑物安全监测数据进行误差处理。自从高斯(G. F. Gauss)在 1794 年提出最小二乘法以来,广大学者对测量平差理论和方法进行了大量的研究。1947 年,田斯特拉(T. M. Tienstre)提出了相关平差法,把对观测值独立的要求推广到随机相关。1962 年,迈塞尔(G. Meissl)提出了秩亏自由网平差,把测量平差中的满秩阵推广到奇异阵。卡尔曼(Kalman)等提出了一种递推式滤波方法,已成功应用于航天、工业自动化等方面。1969 年,克拉鲁普提出了最小二乘滤波、推估与配置,把平差参数从非随机变量推广到随机参数。在具体研究工作方面,美国 Serio G. Koreisha 和 Yue Fang 对滑动平均模型时序过程(ARMA)的测量误差影响进行了定量分析;岳建平通过对回归分析中观测误差和模型误差的分离,从而更客观地评价测量系统和模型的精度;刘文宝等提出了顾及先验信息的水工建筑物位移反分析方法,探讨了测量误差对位移反演结果的影响规律。

最小二乘法假定观测值中仅含偶然误差,这实际上是不可能的,为此,产生了研究系统误差和粗差的理论与方法。20 世纪 60 年代后期,巴尔达(W. Baarda)提出了数据探测法和可靠性理论,为粗差研究奠定了基础。目前,对粗差的处理方法有两种,一是仍然属于最小二乘法范畴的数据探测法,二是有别于最小二乘法的抗差估计法或稳健估计法。在国内,周江文等提出了一些较为实用的抗差算法;赵斌在水工建筑物观测数据处理中引入污染分布、观测权等概念,以逐步消除粗差的影响,最终得到了合理的参数估计;郑东健用平均杠杆理论识别实测资料异常值,实现了误差的灰箱诊断。

1.5.2.2　安全监测资料的正分析

正分析的主要任务是由实测资料建立数学监控模型,以监控水工建筑物等的安全运行,同时对模型各分量(特别是时效分量)进行物理解释,借以分析大坝和其他水工建筑物的工作性态。

意大利的法那林(Faneli)和葡萄牙的罗卡(Rocha)等从1955年开始应用统计回归方法来定量分析水工建筑物的变形观测资料。1977年法那林等又提出了混凝土大坝变形的确定性模型和混合模型,将有限元理论计算值与实测数据有机地结合起来,以监控大坝的安全状况。近30年来,随着计算机技术的快速发展,水工建筑物观测资料的正分析研究也取得了很大的进步,统计模型、确定性模型及其混合模型在生产实践中得到了广泛的应用。此外,法国在资料分析方面,采用MDV法,即在测值序列中分离出水压分量和温度分量,然后对时效和残差的变化规律进行分析,进而评判水工建筑物的安全状况。

我国水工建筑物安全监测的资料分析工作起步相对较晚,最初只以定性分析为主,通过对实测过程线和简单统计的特征值来分析水工建筑物的运行状况。1974年后,陈久宇等开始应用统计回归分析安全监测资料,并对分析成果加以物理成因的解释,还对时效变化进行了研究,提出了时效变化的指数模型、双曲函数模型、对数模型、线性模型等。自此,资料分析工作在纵深方面不断发展。20世纪80年代中期,吴中如等从徐变理论出发推导了坝体顶部时效位移的表达式,用周期函数模拟温度、水压等周期荷载,并用非线性二乘法进行了参数估计;同期提出了裂缝开合度统计模型的建立和分析方法、坝顶水平位移的时间序列分析法以及连拱坝位移确定性模型的原理和方法,并在实际工程中得到了成功应用;吴中如等通过三维有限元渗流分析,建立了渗流测点的扬压力、绕坝渗流测孔水位的确定性模型,并用于分析和评价水工建筑物基础及岸坡的渗流性态。

20世纪80年代以来,模糊数学、灰色理论、神经网络、小波分析等各种方法和理论也纷纷被引入水工建筑物安全监测资料分析中来,并取得了一定成果。80年代,邓聚龙提出了灰色系统(Grey System,简称GS)理论;李珍照等于1991年最早将GS理论引入到水工建筑物安全监测资料分析领域;蓝悦明等应用灰色理论,提出了位移预报模型;杨杰、郭海庆等在一阶单变量灰色线性预测模型的基础上,引入了灰元作模型参数,建立了土石坝变形预测的灰色非线性模型,并对其适用性进行了探讨。同时,模糊聚类分析、似然推理和模糊评判等模糊数学方法也在水工建筑物安全监测数据的分析处理和模型预测方面得到了应用,如李珍照等提出了用模糊数学进行资料分析的思路,并阐述了水工建筑物观测数据模糊识别的方法和步骤。近些年来,随着人工神经网络研究热潮的再次到来,将其用于水工建筑物监测数据处理与分析方面的应用研究也逐步展开,尤其是模糊数学与神经网络方法的有机结合,为相关研究展现了广阔的前景。神经网络模型属于隐式模型,具备自组织、自适应能力,已有的研究成果表明,用神经网络模型对水工建筑物变形、渗流等进行拟合,其精度要优于传统的统计模型。陈继光等采用模糊近似推论后的隶属度作为BP网络的输出神经元,从而实现位移量的预报;赵斌、杨杰等分别对Hopfield网络和BP网络在水工建筑物观测资料处理中的应用进行了探讨;徐平通过对水工建筑物观测资料作吸引子分析,定量计算出建立相应的水工建筑物安全监控数学模型时,描述水工建筑物运行系统动态特性所需要的最小因子数。

近些年来,国内外学者提出了多种水工建筑物安全监测资料分析的新模型新方法,如张进平等于1991年提出了水工建筑物安全监测的位移分布数学模型;吴中如、顾冲时等通过引入空间三维坐标,提出了混凝土坝空间位移场的时空分布模型,将单测点模型拓宽至空间三维;尹辉等提出了一种实时引入新信息的等维新信息和等维灰数逆补组合的动态预测方法;何金平、李珍照提出了重力坝位移二维分布模型,并把单测点确定性模型扩展为空间多测点确定性模型。此外,部分研究人员还提出了水工建筑物安全监控的位移分布模型、贝叶斯模型、数字滤波模型、优化组合模型、岭回归和主成分回归模型以及小波分析方法等。沈振中用基岩和水工建筑物的黏弹性模型,分析了三峡大坝和基岩施工期的变形,建立了一种特殊的施工期监控模型。此外,在土石坝研究方面,郦能惠、蔡飞、沈珠江等基于土石坝变形与孔隙水压力产生机理的分析,提出了较合理的统计分析方法。

1.5.2.3 安全监测资料与结构性态反分析

以水工建筑物安全监测资料正分析的成果作为依据,通过相应的理论分析,反求大坝等水工建筑物和地基的材料力学参数以及某些结构特性等,即为反分析。

1969 年由太沙基提出的观测设计法(Observation Design Method)是反分析思想的最早应用,他用现场观测结果修正参数和设计。近年来,奥地利 L. V. Rabcewith 教授提出的新奥法(New Austria Tunnelling Method)在隧道工程中得到了广泛应用,其思想是在隧洞开挖过程中,通过对围岩及支护的观测来反馈施工和设计。

根据现场量测信息的不同,反分析方法可以分为应力反分析法、位移反分析法及应力(荷载)与位移的混合反分析法。由于位移信息较易获取,因此位移反分析法应用最为广泛。如果按计算方法划分,位移反分析法又可分为解析法和数值法。解析法的优势在于概念明确、计算速度快,但只适宜求解简单几何形状和边界条件下的线黏弹性与无支护洞室问题。数值法则主要用于解决复杂工程性态和非线性问题。因此,数值法对于复杂的岩土工程更具有普遍的适用性。就数值法的求解过程而言,它可以划分为逆解法、直接法、正反耦合法、图谱法、神经网络法和模糊法等。

对于大坝及其坝基的参数反演而言,具体的方法有两种,即常规分析法和确定性模型法。常规反演分析法的基本原理是:从安全监测资料的分析中,找出真实的水压分量$\{\delta_H\}$,然后,假设初始参数(如 E_{c0}、E_{r0}),用结构分析法推求水压分量$\{\delta'_H\}$,最后根据变形与综合弹模成反比来反演参数;确定性模型分析法则是首先假设初始参数,由结构有限元计算水压、温度分量,建立水压分量与水头、温度分量与温度梯度场的关系式,然后建立确定性模型,进行参数估计,可得水压分量调整参数,并由调整参数进行综合弹模的反演。由于确定性模型对实测资料(如混凝土温度场等)要求较高,许多情况难以建立确定性模型。为此,可以采用混合模型对部分力学参数进行反演。

国内外对大坝和坝基参数的反演分析工作开展比较深入,尤其对混凝土坝的反分析研究已较为普遍,并取得了较多成果。Bonaldi、Fanalli 和 Giusepptti 等提出了有明显物理概念的确定性模型,并以此来反演坝体的弹性模量和温度线膨胀系数,在水工建筑物的反分析中起到了积极作用。陈久宇等利用离上游面不同距离的渗压计测值,并考虑上游水位的波动,来反演坝体混凝土的扩散系数,有一定的实用价值。吴中如、顾冲时等提出了利用安全监测资料,由确定性模型和统计模型,并结合有限元计算成果,反演坝体混凝土的平均弹性模量和温度线膨胀系数的方法。吴中如、刘眉县等提出了利用离下游不同深度的温度计测值,并考虑坝面黏滞层的影响,来反演混凝土导温系数的方法。国际上对土石坝的反分析研究相对较少,近年来,国内外较具代表性的是采用非线性弹性模型(邓肯模型)或双屈服面弹塑性模型(沈珠江模型)。此外,沈珠江、赵魁芝等还提出了比较简单实用的三参数模型。

近 30 年来,对于位移的反分析方法研究发展很快,已从弹性问题的位移反分析发展到弹塑性和黏弹塑性问题的位移反分析。在弹性问题的位移反分析中,N. Shimizu 和 S. Sakurai 提出了边界元位移反分析方法;杨志法、吴凯华、樱井春铺、G. Gioda 等在隧洞、非圆形洞室的位移反馈分析方面提出了各自的位移反分析方法。在黏弹性参数反演方面,刘怀恒和杨林德等引入基于时间的等效弹性模量,然后反推流变参数,但这种算法只局限于简单的线弹性材料;沈家荫、林炳仕提出了由位移观测资料反演分析的边界元法。此外,国内外众多学者如薛琳、G. Gioda、沈振中等也在岩体黏弹性参数反分析方面提出了一些实用的计算方法。而在弹塑性问题的反分析研究方面,意大利学者 Gioda、Sakurai 和 Maier 等首先利用单纯形优化方法进行了弹塑性反分析,在此基础上,国内外学者进一步完善和发展了这种方法。在黏弹塑性的位移反分析方面,陈子荫通过对圆形洞室的 Laplace 变换,导出了广义开尔文模型的位移解析解,并利用直接搜索法求解非线性方程中的待定参数;王芝银等研究了西原流变模型的反分析问题,并提出了黏弹塑性增量位移反分析的复合形法,提高了优化效率;沈振中在单纯形法的基础上,通过动态约束搜索误差,提出了参数反分析的可变容差法,以加快迭代速度;胡维俊等基于优化理论,提出了拱坝位移反分析的多点拟合法,得到了合理的成果;近几年,吴中如、顾冲时、朱伯芳等提出了位移时空模型、模糊数学反演以及其他反分析方法。

从总体上来看,上述各种反分析方法均是利用确定性模型进行反演分析。然而,由于工程研究所面临的是一个非确定性过程,存在着大量的不确定信息,确定性模型在对各种不确定性因素影响的考虑方面存在不足,因而难以概括复杂多变的岩土工程力学特性。因此,进入 20 世纪 90 年代以来,运用随机系统论的方法进行工程反演分析,建立非确定性模型的研究已日益引起国内外学者的关注。

不确定性反分析是指应用概率论、数理统计、随机过程、模糊数学、灰色系统理论或分形几何等不确定性数学工具来分析量测信息的不确定性,反演模型的不确定性,并考虑参数的先验信息(即量化的专家经验,实验室的试验结果以及一切关于被反演参数的已知量化信息与有关的基本定律等)等,建立不同的目标函数,从而进行不确定性参数的反分析。目前,应用较多的是建立在随机理论基础上的随机反演分析方法,如极大似然(Maximum Likelihood)反分析、贝叶斯(Bayes)反分析、卡尔曼滤波(Kalman Filtering)反分析等。

1.5.2.4　反馈分析与安全监控指标的拟定

反馈分析是综合应用正、反分析的成果,通过相应的理论分析,从中寻找某些规律和信息,及时反馈到设计、施工和运行中去,以达到优化设计、施工和运行的目的,并补充和完善水工设计与施工规范。反馈分析一方面将成果反馈到原型结构中以实现馈控目的,另一方面要为将来的水工建筑物设计、施工反馈信息,从而最大限度地从观测资料中提取信息。反馈分析的内涵十分丰富,是水工建筑物安全监控中的一个新的综合性课题。

为了监控水工建筑物及其他水工建筑物的安全运行,目前坝工界对反馈分析的研究主要包括以下几方面:①拟定水工建筑物等水工建筑物各个观测量的安全监控指标及其相应的水压、温度等控制荷载;②根据安全监测资料,应用可靠度理论反馈水工建筑物的实际安全度,以复核水工建筑物的稳定、强度和抗裂安全度;③分析裂缝、再生缝的物理成因、机理及其对建筑物结构性态的影响,以反馈控制裂缝发生和发展的临界荷载。

安全监控指标是评价和监测水工建筑物安全的重要指标,对于馈控水工建筑物等的安全运行相当重要。拟定安全监控指标的主要任务是根据水工建筑物和坝基等建筑物已经抵御经历荷载的能力,来评估和预测抵御可能发生荷载的能力,从而确定该荷载组合下,监控效应量的警戒值和极值。由于有些水工建筑物可能还没有遭遇最不利荷载,同时水工建筑物和坝基抵御荷载的能力在逐渐变化,因此安全监控指标的拟定是一个相当复杂的问题,也是国内外坝工界研究的重要课题。通常,对于水工建筑物的应力和扬压力,一般以设计值作为监控指标,因此目前研究的重点和难点是对水工建筑物变形监控指标的确定。

国外对变形监控指标的研究报道较少。而在国内,吴中如、顾冲时、沈振中等在利用安全监测资料反馈水工建筑物的安全监控指标方面进行了系统的研究,提出了拟定变形监测指标的原理和方法,并成功地应用于佛子岭连拱坝等实际工程的监控。目前,对坝体和坝基变形监控指标的拟定方法主要有置信区间法、典型监控效应量的小概率法、极限状态法、仿真计算法和力学计算法等。

1.5.2.5　水工建筑物安全性态综合评判

安全监测资料的正反分析和反馈分析一般仅局限于对单项物理量的分析,存在一定的局限性。因此,应针对目前各个观测量的单项分析的缺陷,在正反分析和反馈分析基础上,对大坝等水工建筑物的安全性态进行综合评判与决策。综合评判与决策是指对各种资料进行不同层次的分析,其关键是找出荷载集与效应集之间的非确定性(定性)和确定性(定量)关系以及效应集与控制集之间的关系,然后通过一定的理论和方法或凭借专家的丰富经验进行综合分析和推理,以评判大坝等水工建筑物的工作性态,并提出防范决策和处理方案。

在水工建筑物安全综合评判与决策的研究和应用方面,吴中如、顾冲时、沈振中等提出并开发了建立在一机四库(推理机、数据库、知识库、方法库和图库)基础上的水工建筑物安全综合评价专家系统,应用模式识别和模糊评判,通过综合推理机,对四库进行综合调用,将定量分析和定性分析结合起来,实现对水工建筑物安全性态的在线实时分析和综合评价,该系统在龙羊峡、二滩、水口等水工建筑物工程中得到实际应用,并取得了水工建筑物安全分析、评价和监控的实效。此外,原南京国电自动化研究所研制开发了 DAMS 水工建筑物自动监测系统和 DSIMS 水工建筑物安全管理信息系统;1994 年,水利部南京水利水文自动化研究所开发了 DG 水工建筑物自动监测系统。这些系统实现了观测数据的自动化采集、在线分析和实时监控,在三门峡、葛洲坝等工程中得到了应用。

近些年来,国内外对水工建筑物安全评价方法的研究有了较大的发展。在国外,美国、加拿大等已经用 SEED 法及风险值的概念,对水工建筑物失事的总概率进行计算,借此评价水工建筑物的安全状况。如:L. Duckstein 和 YEN. B. C 等对随机荷载与抗力作用下水工建筑物系统的可靠性估算方法进行了研究,对均值一次二阶矩法和改进的一次法进行了重点探讨,并将它们与失事树(或事件树)联合应用,为定量考虑影响整个系统可靠性的所有因素提供了一个虽然近似但较为合理的框架。YEN. B. C 描述了 6 种常用的可靠性工程设计方法,并用安全系数来考虑水文不确定性和结构设计的不确定性。L. Duckstein 和 E. J. Plate 等发展了 YEN. B. C. 的工程可靠性与风险分析方法,从直接用安全系数考虑风险与可靠性改为用更一般的离散系统性能识别指标考虑风险和可靠性。

我国则一直偏重于工程结构安全系数 K 的复核评判,但近年来可靠度理论用于安全度的评价方面也开始得到了研究和应用。如:刘宁、卓家寿等在全面介绍串、并联体系和一般体系现有的各种可靠度计算方法及其实用性的基础上,于 1996 年给出了基于增量理论的三维弹塑性随机有限元及可靠度计算公式,推导了相应的随机有限元迭代格式和加速收敛公式,并提出了应变空间表征法高效计算出"塑性单元"的可靠指标;刘宁还结合工程实例,从随机仿真温度场及徐变应力、随机损伤 - 断裂力学、工程稳定性问题的概率分析、工程参数的敏感性分析以及随机反分析和可靠度反馈等方面,对工程随机力学和可靠性理论研究中的若干问题进行了探讨;赵国藩、姚耀武、杨柏华等以重力坝为例建立了可靠度计算分析模型,对坝体、坝基内某点或沿某面的强度及滑动稳定可靠度进行了计算;何蕴龙、陆述远、段亚辉等提出了一种重力坝地震动力可靠度的分析方法,在 JC 法和泊松过程法的基础上,探讨了重力坝同时承受地震荷载和静力荷载作用下的动力可靠概率的计算方法,具有一定的理论和实际意义;陈德新在模糊可靠性方面进行了相关研究,建立了一套关于混联系统与桥式系统的模糊可靠性计算公式。

1.5.2.6　水工建筑物安全可靠性与风险分析

风险与可靠性问题的研究,开始于 20 世纪 30 ~ 40 年代人们用概率论研究机器设备的维修问题,但直到 70 年代,人们对风险还了解甚少。后来,不断的灾害事故逐渐增强了人们的"风险分析"意识。1980 年,美国风险分析协会(The Society for Risk Analysis,SRA)成立,在其影响和带动下,欧美发达国家开始致力于风险研究,风险分析才得以逐步完善和充实,形成为一门新的应用科学。

20 世纪 70 年代以来,工程界的风险分析工作,从一个直观性的、不规范的和定性的过程,逐渐演进成一个高度结构化、规范化和量化的过程,成为所谓的定量风险评估(Quantitative Risk Assessment, QRA),也常称为概率风险评估(Probabilistic Risk Assessment, PRA)。水资源工程的可靠性研究正是开始于这个时期,Damelien 等对供水系统可靠性进行了研究。此后,水资源工程可靠性与风险分析研究得到了迅速发展。但是,这个时期有关风险的各种概念、定义和术语却有待发展和完善。1984 年,L. Duckstein 和 E. J. Plate 为水资源工程可靠性与风险的研究提供了一个系统框架,将物理意义上的事故和失事概念与动力学意义上的此类概念联系起来,认为广义荷载 L 如果超过广义抗力 R,则事故 u(包括事故发生概率和产生的后果)就会发生。Stan Kaplan 于 1991 年进一步进行总结和综合,给出了风险定量评估的通用理论,从风险的定义、风险定性和定量概念、风险描述、风险评估等方面作了大量定义上的工作,使风险分析进一步通用化。

在有关大坝及其相关建筑物的安全可靠性与风险分析的理论研究、工程实践和应用等各个方面,国内外众多的学者、科研人员和工程人员经过多年努力,取得了一定的成果,为大坝等水工建筑物的安全运行和决策管理提供了很好的技术支持。

在国外,在有关水工建筑物系统风险分析的理论研究和工程实践中,YEN. B. C. 和

Tang W. H. 在详尽分析涵洞排水量不确定性、雨强不确定性和设计流量不确定性的基础上,研究了如何建立风险 - 安全系数关系。Tung Y. K. 建立了动态和静态两种风险模型,主要考虑水文和水流不确定性,对水工设计中的风险进行了研究。Baecher G. B. 和 Pate M. E. 等通过引入风险收益系数来计算水工建筑物失事概率和在评估过程中的耦合风险费用。Loucks D. P. 和 Stedinger J. R. 等通过分析来水量和防洪库容之间的关系,得出了在一定防洪库容下不同来水洪量可能造成的损失。Tung Y. K. 详细地研究了基于风险的水工结构优化设计中水文的不确定性、参数的不确定性以及水力的不确定性。Karlsson P. O. 和 Haimes Y. Y. 用分块多目标风险方法对水工建筑物安全问题进行了分析,使用了 5 种类型的概率分布函数进行风险分析,并对各自的结果进行了比较。Salmon G. M. 和 Hartford D. N. D. 介绍了目前国外较为盛行的允许风险分析方法,将溃坝的风险损失和水工建筑物的风险率直接联系起来。

　　在国内,关于水工建筑物安全的可靠性与风险分析研究虽然起步较晚,但近 20 年来,风险估算与可靠度理论用于水工建筑物系统的安全状况分析方面的研究也取得了一定的成果。在大坝及其相关水工建筑物的安全风险分析方面,徐祖信和郭子中提出了开敞式溢洪道水力设计中风险的计算模式,首次将 JC 法用于泄洪风险计算,并对混凝土水工建筑物的泄洪风险进行了计算。郑管平和王木兰对水工建筑物泄流能力可靠度计算方法进行了探讨,综合考虑了水文和水工方面的不确定性对泄洪风险的影响。王卓甫以施工导流工程总费用为决策目标,考虑了导流建筑物运行中可能遇到的风险,运用概率树和决策树等风险决策方法选择了导流方案。吴世伟在讨论风险损失和风险水准等概念的基础上,对水工结构的概率计算方法和风险损失估算方法进行了研究。黄志中和周之豪提出了较为全面的风险评价指标体系和设计方法,以多目标决策方法对水电工程投资的风险进行了分析和计算。肖焕雄、孙志禹综合考虑了水工建筑物施工中基坑淹没次数和每次淹没损失两方面的随机性,首次提出了费用风险率的概念,建立了两重随机有偿服务系统的风险率计算模型,并用切尔诺夫定理进行计算,使得该模型具有较大的实用性。冯平、陈福根研究了汛限水位对防洪和发电的影响,通过风险效益的比较定量给出了合理的汛限水位。傅湘和纪昌明用系统分析方法建立了水工建筑物水库汛限水位的风险分析模型,并以三峡水库为对象,计算了不同汛限水位与最大洪灾风险率的关系。朱元甡、王道席对水库安全设计与垮坝风险问题进行了研究。何金平、李珍照从经济性的角度,对优选病险水工建筑物安全改造方案的风险决策模型和求解方法进行了探讨。黄强等针对水库调度的风险问题,探讨了定性风险分析方法和定量风险分析方法,着重探讨了定量风险分析方法中的概率与数理统计分析法、模拟分析法、马尔柯夫过程分析法和模糊数学分析法,并引入了不同的风险决策方法,结合工程实例进行了分析计算。宋恩来以国内几座水工建筑物为例,对水工建筑物超标准运行进行了风险分析和评价。姜树海对水工建筑物防洪安全的评估和校核进行了研究,在阐述水工建筑物防洪系统随机不确定性和模糊不确定性的基础上,建立了漫坝失事的随机模糊风险分析模型,并采用事故树方法,按逐层顺序讨论了漫坝失事事故的形成,定量给出了相应的漫坝失事风险率。傅湘和王丽萍以洪水遭遇组合规律为研究对象,用概率组合方法估算了水库下游防洪区的洪灾风险率。周宜红和肖焕雄分析了三峡工程大江截流施工过程中水文、水力等的不确定性因素,计算了其动态风险率,并提出了相应的风险控制措施。万俊、陈惠源等通过对广东白盆珠水库的汛期蓄水过程进行全面系统的风险分析,为选择合理的拦蓄水位方案提供了依据,风险分析表明,在不降低防洪标准的前提下,可以在退洪阶段进行适当拦蓄,每年因此可增发电量约 300 万 kWh。陶涛提出了风险率 R 和 β 指标这两个水利工程风险分析指标,并探讨了二者之间的关系,并用拉克维茨 – 菲斯莱(Rackwitz-Fiessler)法和蒙特卡洛(Monte – Carlo)法对其进行计算。

2000 年 9 月在北京召开的第 20 届国际大坝会议,将水工建筑物安全决策和管理中风险分析的应用(Question 76:The use of risk analysis to support dam safety decisions and management)作为专题进行了研讨,各国专家学者对已有的研究方法进行了评述,并提出了很多水工建筑物安全风险分析和决策管理的新方法、新观点。如:Huanxiong Xiao、Xianming Chen 等在考虑施工导流众多风险因素的同时,指出这些因素具有随机不确定性和模糊不确定性,在此基础上分别针对两种不确定性给出了计算施工导流围堰风险概率的方法,并从不确定性和风险计算结果的评价两方面对施工导流风险研究方法的未来发展进行了展望。Leszek Opyrchal 进行了水工建筑物失稳风险的研究,指出引起水工建筑物失事和维护水工建筑物稳定的各种力,其比率关系的不确定性可以用非主观的方法来估算,一旦这种比率关系确定,就可由此确定水工建筑物失稳的概率,最后基于不确定性的度量与求和概念,提出了水工建筑物失稳概率低于门限值的水工建筑物设计方法。Espen Funnemark、Erik Odgaard 和 Sjur Aa. Ekkje 基于失事树分析方法,对挪威西部的 Valldalen 土石坝的失事模式进行了全面分析,并对水工建筑物每年的失事概率进行了计算,指出漫顶、内部侵蚀和地震是需要作深入考虑的水工建筑物失事风险因素。Harald Kreuzer 在作针对 Question 76 的总结性发言中指出,(水工建筑物)风险分析能被进一步接受的一个根本问题,就在于降低了各种不确定性的有关假定的可防卫性。

1.6　安全监测新技术与方法

近些年来,随着计算机技术、通信技术、传感器技术及水工建筑物安全监控的发展,在水工建筑物安全监测仪器、观测方法等研究方面均出现了一些新特点和新方向,并取得了喜人的进展和成果。如 CT、DPS、光纤传感、渗流热监测以及"4S"等新技术方法已经逐步在水工建筑物监测方面获得应用。

1.6.1　水工建筑物 CT 技术

计算机层析成像(Computerized Tomography)简称为 CT,是在不破坏物体结构的前提下,根据在物体周边所获取某种物理量(如波速、X 线光强等)的一维投影数据,应用一定的数学方法,由计算机重建特定层面上的二维图像,并由一系列的二维图像构成三维图像的技术。CT 可以定量反映出物体内部材料性质的分布情况和缺陷部位,其实质是从低维流形上叠加的信息来分辨和提取点上信息。

意大利首先将 CT 技术用于水工建筑物性态诊断,主要是采用声波方法,利用直达波走时对坝体介质的波速分布进行反演,完成水工建筑物的 CT 成像,为水工建筑物安全监控和验证施工处理效果提供了有力支持。日本也开展了水工建筑物 CT 研究,以掌握坝址地质构造并推测断层破碎带的分布情况。

虽然水工建筑物 CT 开发时间短,技术还不成熟,但已显示出很强的生命力,必将在水工建筑物内部性态观测、缺陷搜寻和坝体老化评价等方面成为一种重要的监测手段和技术。

1.6.2 光纤传感技术

光纤传感是用光导纤维来感受各种物理量并传送所感受信息的技术。利用光导纤维制作的光纤传感器可以测量位移、压力、温度、流量等物理量,具有很高的灵敏度,能测量 10^{-3} cm 的位移量和 0.01 ℃ 的温度变化。美国、德国、加拿大、奥地利和日本等国在 20 世纪 90 年代以来,开始将光纤传感技术用于大型结构的裂缝、应力、应变和震动等的观测上。目前国外已经问世的光纤位移计主要有两种,均是根据光纤传导光量的变化情况来确定位移的大小的。

1.6.3 渗流热监测技术

通过观测温度分布及其变化来监测坝体、坝基渗流,简称渗流热监测,是一项很有发展前景的新技术,在美国、俄罗斯、瑞典等国家得到了成功应用。

大量测量数据显示,温度和大量渗漏之间往往存在联系,温度测值和抽水试验所得的渗透系数之间有很好的负线性相关关系,因此温度分布图像可以帮助发现坝体和坝基渗漏较严重的部位。在通过长期观测掌握了各支温度计的正常变化规律后,当温度测值一旦偏离正常值时,就可以当做是渗流异常的警报而加以注意。

俄罗斯学者还提出了兼用温度观测和指示剂试验两者结合的办法进行渗流复合监测,以确定块体渗流的不均一性和渗流的流速特性。实践证明,这是一种行之有效的方法。

此外,俄罗斯学者还提出"将温度状态作为观测土石坝特性的指示因子"的学术观点,认为揭示土石坝缺陷源点的最实际方法是观测心墙、斜墙等防渗体内的温度变化,并指出,当土坝防渗体中心的温度变幅小于等于水库水温变幅的 1/3 时,坝体抗渗稳定性满足要求。

瑞典学者通过模拟计算表明,当心墙渗透系数小于 $(2 \sim 6) \times 10^{-7}$ m/s 时,坝体温度变化几乎是常数。当渗透系数大于 $(2 \sim 6) \times 10^{-7}$ m/s 时,可通过分析温度的变化较准确地估计坝体渗透系数。

1.6.4 "4S"技术

"4S"技术是地理信息系统(GIS)技术、遥感(RS)技术、全球定位(GPS)技术和专家系统(ES)技术的合称。作为数字流域中的重要技术,"4S"技术及其集成技术不断发展成熟,为水工建筑物安全测控和管理提供了全新的技术手段,在宏观上可用于对整个流域坝群的监测和管理,而在微观上则可用于每一座水工建筑物的安全监测,因此"4S"技术在水工建筑物安全监控领域有广阔的应用前景。

当然,近年来国外在水工建筑物安全监测方面的新技术还有很多,如奥地利的声发射系统、激光垂线和测磁装置,美国的电子测距仪、测温查渗系统和测量渗流损耗的流势法,意大利的激光系统和坝表面测温系统,日本的光纤电缆、遥控机器人系统等。这些新技术、新方法有待于我们学习借鉴和深入研究。

1.7　安全监测仪器的发展

1.7.1　国外的发展情况

安全监测工作始于坝工建设。第一次进行外部变形观测的是德国建于 1891 年的埃施巴赫混凝土重力坝。瑞士在 1920 年第一次用大地测量法测量大坝变形,这个系统包括基准点和观测点标架,大坝下游面的觇标和沿坝顶一系列的水准标点,该系统延用至今。而最早利用专门仪器进行观测的是 1903 年建于美国新泽西州的布恩顿(Boonton)重力坝所作的温度观测。建于 1920 年瑞士蒙萨温斯(Montsalvens)重力坝(高 55 m)首先埋设了电阻式遥测仪器。1925 年美国垦务局对爱达荷州高 25 m 的亚美利加 – 佛尔兹坝进行扬压力观测。1926 年美国垦务局在斯蒂文逊(Stevenson Creek)试验坝(高 18.3 m)上埋设了用碳棒制成的电阻式应变计 140 支,研究拱坝的应力分布。1932 年美国加利福尼亚大学教授卡尔逊(R. W. Calson)发明了差阻式传感器,1933 年美国在阿乌黑(Owyhee)拱坝和莫利斯(Morris)重力坝上埋设了他的早期产品,并且采用了无应力计观测混凝土的自由体积变形。美国在 20 世纪 30 年代至 40 年代修建的一系列混凝土大坝广泛使用了卡尔逊仪器,到 40 年代建立了一整套从应变计资料计算混凝土应力的方法,提出一些大坝的观测资料,通过对这些成果的研究和应用,发展了混凝土坝的设计理论和施工技术。

20 世纪 40 年代发展的正垂线坐标仪是监测坝体和坝肩变形较简单的测量手段。早期产品是机械接触式的,如荷根堡公司的机械式垂线仪是靠钢丝推动仪器的传动杆进行读数的。60 年代出现的倒垂线,是采用光学望远镜和测微计来监测坝体挠度的光学垂线坐标仪。到 80 年代,随着科学技术的进步,垂线坐标仪实现了遥测,由接触式发展到非接触式,从步进马达光学跟踪的非接触式发展到步进马达传感器跟踪的非接触式。近十多年国际上又涌现出了多种垂线坐标仪新产品,主要有法国泰勒马克公司和意大利舍利(Sdi)公司生产的变磁阻感应式遥测垂线坐标仪,法国电力公司格勒诺布技术改进处研制的光电二极管编码遥测垂线坐标仪和意大利皮兹(Pizzi)公司生产的步进马达驱动差动磁场变化传感器的遥测垂线坐标仪。

在渗流量和渗透压力测量方面也有较大的发展。美国若斯蒙(Rosmount)公司制造的电容微压传感器测试液位精度高,长期稳定性好,很适于量水堰水位观测。英国朱阿克(Druck)公司量测水深的传感器可放在量水堰中测出水深,从而求出流量,还可自动化遥测。钢弦式渗压计已很容易实现遥测自动化,而且精度高,反应迅速,据说已取得长期稳定的观测成果。美国基康公司、测斜仪器公司、法国泰勒马克公司、加拿大洛克泰司特公司、阿尔爱司特公司都是生产弦式渗压计的主要厂家。近来测斜仪器公司提供一种振带型渗压计,精度可达 0.1% FS,甚至可达到 0.05% FS,稳定性也很好,而且测值几乎完全不受温度影响,信号能长距离输送,并能方便地与自动化采集系统连接。

孔隙水压力是土坝的主要观测项目。除液压式孔隙压力计外,钢弦式孔隙压力计和气压式孔隙压力计已用于土石坝。美国垦务局 1987 年以前已在 8 个坝上装设了霍克(Hoke)公司的气压式孔隙压力计,7 个坝上安装了钢弦式孔隙压力计。

在土坝内部垂直位移观测方面,有基康公司的钢弦式沉降仪和坦斯(Tans)公司生产的水管式沉降仪,后者是利用液体在连通管两端口保持同一水平面的原理制成的。还有日本开发的电磁式分层沉降仪。

国外在大坝安全监控领域,从 20 世纪 60 年代即开始从事观测自动化的研制开发,70 年代已进入实用阶段。从意大利、法国、美国、西班牙、葡萄牙、日本和瑞士等工业发达国家实现自动化的情况来看,有的起始于资料管理自动化,有的则首先实现采集自动化。意大利发展较快,它的微机辅助监测系统(MAMs)可实现数据采集、校验、存储和传输,并具有快速在线判断和报警功能。尽管各国所走的自动化道路不同,但总的来说,随着技术的进步,监测仪器有一个渐次提高自动化水平的过程。早期的做法是采用大规模集成电路及微处理器组成的便携式测读装置,对监测仪器进行检测,检测结果可数字显示,也可存储打印。第二阶段研制出有集控和选数功能的装置,对仪器进行集中式数据采集,且测读的数据可输入到计算机中或上一级计算中心进行处理。80 年代中期,随着微电子技术和计算机的发展,各国又发展了分布式监控数据采集系统,即在观测现场设置多台小型化测量控制装置,分别对监控区域内的仪器进行自动监测,测量数据转换为数字量通过数据总线直接传送到监控中心的计算机进行处理。

美国基美星(Geomation)公司的 2300 系统就是其中的代表。它是将标准化设计的硬件、软件和微处理控制器组成由用户进行参数设置的遥测智能化的分布式监测控制系统。将测量、数据分析、控制和通信等职能通过称做 MCU 的遥控单元来完成。每个 MCU 都有微处理器、时钟和标准的操作系统,都可同时通过操作通信设备、测量仪表来完成控制、测量和通信。MCU 功能的变化是通过配置转换器(直流或振弦等),输入模块、编程固态模块及输出模块,并经菜单驱动软件编程来完成的。2300 系统的操作界面和工作站是一台台式或轻便的个人计算机。由基美星公司开发的 Geonet 软件是在 MS-DOS 操作系统下运行的,菜单驱动操作简单,人机界面友好,网络监测站、测控单元 MCU 与传感器间可实现双向通信,并可以通过电缆、公共电话线、无线电、光纤或卫星实行信息共享。

加拿大 Roctset 公司的 SENS-LOG 安全监控自动化数据采集系统是一个集成化、系统总成式交钥匙系统。既可用于各种钢弦式传感器的测量,也提供了各种电容式、电感式、线性位移等多种内外观监测传感器通用接口。该系统可从每一测控模块(MCM)的 12 个基本通道扩展至 384 个通道,还可进一步扩充。系统配置一套适用于用户编程操作、数据采集、处理、存储、传输与资料分析用的系统软件包。系统程序可在现场由手提式便携机 RS-232 电缆直接进入,也可经由现代化通信线路,由监控中心计算机远程连网进入。MCM 由微处理机、时钟、多功能表、校验、扫描、频率计数和控制器组成,安装在完全密封的不锈钢壳体内,并配置在模拟口和 I/O 串形口上。该系统应用于水坝、水泵站、隧道、桥梁、边坡和地下工程的压力、水位、位移、倾转、温度、流量、变形和倾斜等物理量的远程自动化监测。

美国 Sinco 公司的 Ida Datamate 系统从连通传感器到从 IDA 系统中读出和记录数据，都是在外形尺寸为 365 mm × 267 mm × 265 mm、质量只有 5.3 kg 的便携式测读装置中完成的。它既可以用做数据记录簿，也可用做手提式数据记录仪。数据仪配备键盘和显示屏，能在现场编制程序。能显示压力、长度、应变、温度等物理量；能对原位测斜仪进行数据处理；能计算出运动加速度；能激发报警器等，并能通过调制解调器与办公室 PC 机进行数据传输；能储存时间、测量数据和不超过 500 个传感器的标定数据总共 10 000 个数据。

自动化监测系统能胜任多测点密测次的观测，提供在时间和空间上的连续信息，实现数据采集、记录、自检、打印、传输及分析报警等适时安全监控。因此，监测自动化在国外受到高度重视，并继续向前发展。

1.7.2　国内的发展情况

我国的安全监控工作是从坝工建设起步的。除表面变形观测开展较早外，20 世纪 50 年代初开始在官厅、大伙房土坝埋设了横梁式固结管沉降计观测坝体的沉降，用测压管测坝体的浸润线。同一时期在丰满和淮河上游的佛子岭、梅山等几座混凝土坝也仅仅作了位移、沉降等简单的观测工作。随后在上犹江、响洪甸、流溪河等混凝土坝内埋设了温度计、应变计、应力计等仪器，并安装了垂线。在横山坝埋设了横梁式的固结管沉降计、钢弦式渗压计和土压计观测心墙的沉降、孔隙压力和总应力。50 年代末期才在新安江、三门峡等大型混凝土坝开展了较大规模的内外部观测工作，当时所用的观测仪器和设备主要依靠国外进口。

1958 年，为满足大规模坝工建设上的需要，水利水电科学研究院组织有关单位研制内部观测用的差动电阻式（卡尔逊式）系列观测仪器。1964 年研制的双管式水压孔隙压力计埋设在以礼河毛家村土坝，观测心墙孔隙压力。与此同时，在南京水利科学研究院、铁道科学研究院和中国建筑科学研究院率先研制钢弦式传感器。这些研制工作为我国观测仪器国产化和专业化生产奠定了基础。1968 年，南京电力自动化设备厂开始生产差动电阻式应变计、测缝计、钢筋计、孔隙压力计、温度计以及比例电桥等系列化观测仪表，并提供工程使用，告别了依靠进口的年代。同样品种的钢弦式仪器，如土压力计、钢筋计、孔隙压力计、表面应变计、反力计以及钢弦频率测定仪表等，也在国内几十个研究院所开始进行研制并逐步走向小规模生产。

20 世纪 70 年代初期，南京电力自动化设备厂研制了以差动电感式为原理的隧洞变形仪，它可量测高压管道或隧洞在高压充水下的径向变形。随后该厂又陆续研制了差动电感式垂线坐标仪、引张线遥测仪以及数字式通用指示仪，为大坝外部观测的遥测自动化创造了条件。钢弦式传感器的测定仪表在这期间已由电子管示波法的第二代产品向晶体管化数字式钢弦周期测定仪的第三代产品过渡，并开始研制采用 PMOS 集成电路的数字钢弦频率测定仪。外部观测技术在普及推广引张线、倒垂线及测斜仪的基础上，开始了对引张线、正垂线、倒垂线及觇标的遥测，垂直位移及测压管水位的自动观测。

进入 20 世纪 80 年代，我国把观测仪器的研制和生产列为重点技术攻关项目，开发出了具有实用价值的新型仪器,部分仪器设备的性能指标达到了国际同类仪器的先进水平;在品种规格上,则形成了相互配套的系列,使安全监控手段得到了较大的改善,基本上满足了工程安全监控工作的需要。

此外,国内从事仪器生产的厂家、科研单位和高等院校,在工程变形、渗流、渗压、应力、应变和基岩观测等方面开发出很多具有较高精度、性能优良、结构牢固、长期稳定性好的仪器设备,使我国安全监控手段进一步得到改善。比较有代表性的仪器有伺服加速度式测斜仪、真空管道激光准直测量装置和双线圈连续振荡的钢弦式传感器等。

我国的安全监控自动化研制工作起步于 20 世纪 70 年代末,首先实施的是差动电阻式内观仪器的自动化。从研制自动化测读仪表着手,用了十多年的时间,也和国外一样经历了由初级到高级的发展过程。由于采用五芯电缆连接差动电阻式传感器和研制出用五芯测法的电阻比电桥,从理论上解决了该传感器长距离测量的难题,消除长导线电阻对测量精度的影响,从而使自动化测量技术有了长足的进步。接着有存储功能的数字化电桥、电阻比巡检仪等多种新型自动化测试仪表应市。70 年代中期,中国科学院成都分院与龚嘴水电厂共同研制了我国第一台应变计自动化检测装置,使 163 支仪器的监测数据于 1980 年首次实现自动采集。1983 年,南京自动化研究所研制的 BNZ-1 自动化检测装置安装在葛洲坝二江电厂,1984 年投产运用,实现了二江泄水闸 184 支仪器的自动检测。为了加快自动化的进程,"大坝安全自动化监测微机系统及仪器研制"列为国家"七五"攻关项目。南京自动化研究所、清华大学、中国水利水电科学研究院和松辽委勘测设计院等科研院校共同努力,通过攻关研制成工程急需的变形和渗流的监测仪器。南京自动化研究院大坝监测研究所研制的 DAMS 大坝安全自动检测装置和 DSIMS 大坝安全信息管理系统软件于 1985 年 10 月首次在梅山水库试运行。十多年来不断总结完善,该所已先后开发了 DAMS-Ⅱ型混合式数据采集系统、DAMS-Ⅲ型分布式数据采集系统、DAMS-Ⅳ智能型分布式数据采集系统和 DSIMS 大坝安全监控管理系统,并在工程中得到了应用和推广。通过国家倡导和工程技术界的通力合作,近几年我国安全监控自动化技术取得了较大的发展,一批具有相当水平的大坝安全监控自动化系统在国内近百座大中型工程中实施和运行,取得了显著的经济效益和社会效益。除上述的 DAMS 系统外,南京水利水文自动化研究所大坝监测分所研制的 DG 型分布式大坝安全监控自动化系统及监测仪器 1996 年通过部级鉴定,先后在葛洲坝和碧口等工程中投入运行。广东省水利水电科学研究所开发的大坝安全监控自动化系统,在该省几座电站的混凝土大坝的安全监控中取得了实施效果。南京水利科学研究院、水利部大坝安全管理中心承担的水利部水利科技重点项目《土石坝安全监控和评价》,已于 1998 年 4 月通过部级鉴定,其中适用于土石坝的大坝监测自动化采集系统已在广西桂林青狮潭水库成功的运行了三年。南京电力自动化设备总厂研制的 FWC-Ⅰ型分布式网络测量系统,通过测控单元 MCU 可以对差动电阻式、振弦式、压阻式和 CCD 等多种传感器进行测量、存储和处理,并通过远程或近程实现有线或无线通信。此外,局部的自动化监测系统也取得了成功的应用,如国家地震局武汉地震研究所和长江勘测技术研究所共同研制的 VAMS 型大坝垂直位移自动监测系统,福州鼓楼无线电八厂生产的大坝变形自动化监测系统以及南京电力自动化设备总厂生产的 DJ-5 型电阻比巡检仪自动化系统等。

1.8　水工建筑物安全监测的发展趋势

综上所述,目前国内外水工建筑物安全监控及其研究工作的发展具有以下趋势特点:

(1)对安全监控的认识更趋全面,强调仪器观测与人工安全检查的结合和补充;

(2)观测范围进一步扩大,除对水工建筑物及其附属建筑物的监测外,还向地基岸坡和其他地质、地形情况复杂的区域发展,并在一定程度上与流域水文监测合为一体;

(3)高精度、高稳定性和高自动化的观测仪器不断出现,监测手段更加先进;

(4)自动化监测系统发展很快,不少水工建筑物已经实现了自动化遥测集控;

(5)数据处理逐步由离线集中处理发展为在线实时监控和处理;

(6)反馈分析成果丰硕,有效推动设计和施工技术的发展;

(7)监控分析的数学模型呈现多样化形式,除统计模型、确定性模型外,时间序列、灰色理论、模糊数学、神经网络、有限元法和混沌动力学分析等多种理论和方法被纷纷引入水工建筑物安全监测资料和水工建筑物结构性态的正反分析;

(8)从单测点、单项目的独立分析评价向多测点、多项目的综合分析和评价发展;

(9)水工建筑物安全可靠性与风险分析的研究也逐渐展开,并成为新的热点;

(10)水工建筑物安全监控中的各类不确定性问题及其研究开始引起国际坝工界的重视,正在从不同的角度和方面开始展开研究。

第 2 章　水工建筑物安全监测设计

【本章内容提要】

（1）简要介绍监测设计的基本原则和要求,包括设计所需的基本资料的确定,设计目的和设计要求;

（2）详细介绍监测项目确定与测值限差,包括监测项目的确定原则,监测项目的内容和测值限差;

（3）重点介绍变形监测设计,渗流监测设计,应力监测设计,水文及水力学监测设计,监测设计的整体布置;

（4）详细介绍自动化监测系统设计及优化和监测工程的施工组织设计,包括其要求与内容;

（5）重点介绍监测设计工程实例,包括四个大坝安全监测实例,边(滑)坡工程安全监测和地下工程安全监测实例各一个。

2.1　监测设计的基本原则和要求

水工建筑物的安全监测工程设计应该看成是整个工程设计的一个重要组成部分,设计时应该按照建筑物的永久性和临时性,永久建筑物中的主要建筑物和次要建筑物,分级别、作用及荷载情况等确定监测设计的基本原则和应该采用的标准。

2.1.1　设计所需的基本资料

设计以现场地形、地质、地下水、地表水和环境与建筑物间的相互作用为基础,监测的范围和性质取决于建筑物的类型、复杂程度和不利后果的潜在因素。设计应根据工程具体条件有针对性地进行。设计需要的基本资料有:

（1）工程形式、工程规模、使用年限、几何形状、尺寸以及边界条件。

（2）地质条件和工程技术特性。

（3）环境条件。水文气象、生命财产危险性、附近建筑物或其他设施的状况。

（4）岩土体物理力学性质和地应力状态。

（5）施工方法和程序、各种结构的类型。

（6）工程前期试验资料、模拟计算成果、结构布置形式。

（7）确定的安全监测参照模型。

（8）预测的工程运行性能,通过预测选定的仪器量程与精度和确定仪器定位定向依据。

2.1.2　设计目的

（1）保障建筑物的安全运用。

设计一套监测系统对建筑物及基础性态进行监测，是保证建筑物安全运行的必备措施，以便发现异常现象，及时分析处理，防止产生重大事故和灾害。

（2）充分发挥工程效益。

根据监测结果，将建筑物及基础视为一个统一体，确定在各种运用条件下的安全度，对工程进行控制运用，适时提高或降低运行水位，搞好水库调度，使之在安全运用的前提下充分发挥效益，避免或减少因加固处理引起的巨大投资。

（3）检验设计，提高水平。

水工建筑物的设计虽然已经积累了比较丰富的经验，但对各种影响因素的认识还有待深入，对设计中的未知数或不确定因素往往是根据经验或以假定作为设计依据的，已建工程是真正的原型，通过监测可反馈各种影响因素和检验设计的正确性，求得设计的合理、完善和创新，提高设计的技术水平。

（4）改进施工，加快进度。

施工期间的监测结果反映施工质量和施工条件，为改进施工提供了信息。多数施工新技术和新方法，只有当实际应用效果被证明是令人满意时，才易被人们接受和进一步推广。监测资料可以评价所采用的施工技术的适用性和优越性及改进的途径。

2.1.3　设计要求

（1）明确的针对性和实用性。

设计人员应很好地熟悉设计对象，了解工程规模、结构设计方法、水文、气象、地形、地质条件及存在的问题，有的放矢地进行监测设计，特别是要根据工程特点及关键部位综合考虑，统筹安排，做到目的明确、实用性强、突出重点、兼顾全局，并在监测设计的各阶段全过程进行优化，以最少的投入取得最好的监测效果。

（2）充分的可靠性和完整性。

对监测系统的设计要有总体方案，它是用各种不同的观测方法和手段，通过可靠性、连续性和整体性论证后，优化出来的最优设计方案。该方案要同时考虑施工期、蓄水期及运行期监测的需要，因地制宜，区别对待，统一规划，逐步实施。

（3）先进的监测方法和设施。

设计所选用的监测方法、仪器和设备应满足精度和准确度要求，并吸取国内外的经验，尽量采用先进技术，及时有效地提供建筑物性态的有关信息，对工程安全起关键作用且人工难以进行观测的数据，可借助于自动化系统进行观测和传输。

（4）必要的经济性和合理性。

监测项目宜简化、测点要优选、施工安装方便。对变形、渗流、应力等的监测项目要互相协调，并考虑今后监测资料分析的需要，使监测成果既能达到预期目的，又能做到经济合理，节省投资。

2.2　监测项目确定与测值限差

2.2.1　监测项目的确定原则

监测项目的确定应考虑如下原则：

（1）观测成果主要用于设计和施工的技术校核与修改时，选定起控制作用的项目。

（2）观测成果用于及时预报施工和运行安全程度为目的时，应确定一项、多用、数据可靠的项目。

（3）应针对危及建筑物稳定的关键问题和控制性观测来确定项目。

（4）探查不稳定部位或影响稳定的因素时，应尽可能采用系统项目。

（5）施工安全监测的项目要简单，不干扰施工，取得成果要快。

（6）监测成果主要用于科研和发展新技术时，要按专项和全项两种方式选定。问题明确的用专项，问题模糊的尽可能用全项。

（7）为了校正主要观测项目成果的观测，要针对影响因素的类型确定项目。

（8）确定观测项目要考虑仪器设备的经济、使用方便及可能性等条件。

（9）长期观测项目应能较全面地反映建筑物的实际运行情况，力求少而精。

（10）工程安全监测系统中都应当有巡视检查项目。

2.2.2　监测项目的内容

水工建筑物安全监测工作可以分为现场检查和仪器监测，根据工程的不同和建筑物等级不同分别有表 2-1 和表 2-2 的内容：

表 2-1　现场检查项目

类别	项目	土石坝	堆石坝	混凝土坝	水闸、溢洪道	隧洞、地下厂房	水库
水文	侵蚀	√			√	√	
	植被	√			√		√
	兽穴	√					
	淤积	√	√	√	√	√	√
	冰冻			√	√		√
变形	开裂	√	√	√	√	√	
	塌坑	√	√		√		√
	滑坡	√	√	√	√		√
	隆起	√	√				
	错动	√	√	√			

续表 2-1

类别	项目	土石坝	堆石坝	混凝土坝	水闸、溢洪道	隧洞、地下厂房	水库
渗流	渗漏	√	√	√	√	√	√
	排水	√	√	√	√	√	
	管涌	√					
	湿斑	√					
	浑浊	√	√	√	√	√	
应力	碳化			√	√	√	
	锈蚀			√	√	√	
	风化			√			
	剥落			√		√	√
	松软						
水流	冲刷	√	√	√	√	√	√
	流态			√	√	√	√
	气蚀			√	√	√	
	磨损			√	√	√	
	雾化				√	√	
	振动				√	√	

表 2-2　　仪器监测项目

类别	项目	按工程分类						按级别分类			
		土石坝	堆石坝	混凝土坝	水闸、溢洪道	隧洞、地下厂房	水库	1	2	3	4
水文	水位	√	√	√	√		√	√	√	√	√
	降雨	√	√		√		√	√	√		
	波浪	√					√	√			
	冲淤					√		√			
	气温	√	√					√	√	√	
	水温			√				√	√		
变形	表面	√	√	√	√	√	√	√	√		
	内部	√									
	地基			√				√	√		
	裂缝	√	√	√		√		√	√	√	√
	接缝		√	√		√		√	√		
	边坡	√	√	√	√		√	√			

续表 2-2

类别	项目	按工程分类						按级别分类			
		土石坝	堆石坝	混凝土坝	水闸、溢洪道	隧洞、地下厂房	水库	1	2	3	4
渗流	坝体	√	√					√			
	坝基	√	√	√	√			√	√	√	
	绕渗	√		√				√	√		
	渗流量	√	√	√	√			√	√	√	√
	地下水					√	√	√			
	水质	√	√	√	√		√	√			
应力	土壤							√			
	混凝土		√	√		√		√	√		
	钢筋							√			
	钢板	√									
	接触面			√				√	√		
	温度										
水流	压强				√	√		√			
	流速				√	√					
	掺气										
	消能				√			√			
地震	振动										

2.2.3　测值限差

2.2.3.1　变形监测

1）变形监测符号

变形监测符号见表 2-3，设计时要注意掌握，以便选择合适的方法和仪器。

表 2-3　变形监测符号

变形	正	负
水平	向下游,向左岸	向上游,向右岸
垂直	下沉	上升
挠度	向下游,向左岸	向上游,向右岸
倾斜	向下游转动,向左岸转动	向上游转动,向右岸转动
滑坡	向坡下,向左岸	向坡上,向右岸
裂缝	张开	闭合
接缝	张开	闭合
闸墙	向闸室中心	背闸室中心

2）变形量

变形监测中误差限值（±值）见表2-4，表中中误差是偶然误差和系统误差的综合值。坝体和坝基及滑坡体与高边坡的中误差相对于工作基点计算，近坝区岩体的中误差相对于校核基点计算。

表2-4　变形监测中误差限值（±值）

建筑物			水平 （mm）	垂直 （mm）	裂缝、接缝 （mm）	倾斜 （°）	挠度 （mm）
土石坝	表面		2	3	0.2	5	
	内部		1	1	0.2	3	
堆石坝	表面		2	3	0.2	5	
	内部		1	1	0.2	3	
重力坝	坝体		1	1	0.1	2	0.3
	坝基		0.3	1	0.1	1	0.3
支墩坝	坝体		1	1	0.1	2	0.3
	坝基		0.3	1	0.1	1	0.3
拱坝	坝体	径向	2	1	0.1	2	0.3
		切向	1	1	0.1	1	0.3
	坝基	径向	1	1	0.1	1	0.3
		切向	0.5	1	0.1	1	0.3
水闸、溢洪道			1	1	0.1	2	0.3
高边坡、滑坡体			3	3	1	5	0.3
近坝区岩体			2	2	0.5	3	0.3

2.2.3.2　渗流监测

渗流监测符号及限差见表2-5，其中最小读数限差均宜小于或等于表中各值。

表2-5　渗流监测符号及限差

项目		符号		最小读数
		正	负	
测压管	开敞式	基准点以上	基准点以下	1 cm
	封闭式	基准点以上	基准点以下	1 cm
量水堰	遥测	基准点以上	基准点以下	0.1 mm
	人工	基准点以上	基准点以下	0.1 mm
水质	温度	>0	<0	0.1 ℃
	pH 值	>0	—	0.01
	电导率	>0	—	0.01 μs/cm
	透明度	>0	—	1 cm

续表 2-5

项目		符号		最小读数
		正	负	
渗流压力	电感调频式	基准点以下	基准点以上	0.1% FS
	钢弦式	基准点以下	基准点以上	0.1% FS
	压阻式	基准点以下	基准点以上	0.1% FS
	差动电阻式	基准点以下	基准点以上	0.25% FS

2.2.3.3　应力监测

应力监测符号及限差见表 2-6,其中最小读数限差均宜小于或等于表中各值。

表 2-6　应力监测符号及限差

项目		符号		最小读数
		正	负	
混凝土	应变	拉	压	4×10^{-6}
	应力	拉	压	0.05 MPa
钢筋	应变	拉	压	5×10^{-6}
	应力	拉	压	1.0 MPa
钢板	应变	拉	压	5×10^{-6}
	应力	拉	压	1.0 MPa
土壤	压力	拉	压	0.1% FS
	应力	拉	压	0.1% FS
接触面	压力	拉	压	0.1% FS
	应力	拉	压	0.1% FS
温度	℃	>0	<0	0.05

2.3　变形监测设计

2.3.1　水平位移

2.3.1.1　监测布置

1)观测断面

(1)土石坝(含堆石坝)。

①观测横断面:布置在最大坝高、原河床处、合龙段、地形突变处、地质条件复杂处、坝内埋管或运行可能发生异常反应处。一般不少于 2~3 个。

②观测纵断面:在坝顶的上游或下游侧布设 1~2 个,在上游坝坡正常蓄水位以上布设 1 个,正常蓄水位以下可视需要布设 1 个临时断面,下游坝坡 2~5 个。

③内部断面：一般布置在最大断面及其他特征断面处，可视需要布设 1~3 个，每个断面可布设 1~3 条观测垂线，各观测垂线还应尽量形成纵向观测断面。

（2）混凝土坝（含支墩坝、砌石坝）。

①观测纵断面：通常平行坝轴线在坝顶及坝基廊道设置观测纵断面，当坝体较高时，可在中间适当增加 1~2 个纵断面。当缺少纵向廊道时，也可布设在平行坝轴线的下游坝面上。

②内部断面：布置在最大坝高坝段或地质和结构复杂坝段，并视坝长情况布设 1~3 个断面。应将坝体和地基作为一个整体进行布设。

拱坝的拱冠和拱端一般宜布设断面，必要时也可布设在 1/4 拱处。

（3）近坝区岩体及滑坡体。

①靠两坝肩附近的近坝区岩体，垂直坝轴线方向各布设 1~2 个观测横断面。

②滑坡体顺滑移方向布设 1~3 个观测断面，包括主滑线断面及其两侧特征断面。

③必要时可大致按网格法布置。

2）观测点

观测点通常分为三类：位移标点、工作基点和校核基点。

（1）土石坝。

在每个横断面和纵断面交点等处布设位移标点，一般每个横断面不少于 3 个。工作基点布设在两岸每一纵排标点的延长线上，两岸各布设 1 个。校核基点布设在两岸同排工作基点连线的延长线上，两岸各布设 1~2 个。

（2）混凝土坝。

在观测纵断面上的每个坝段、每个垛墙或每个闸墩布设 1 个位移标点，对于重要工程也可在伸缩缝两侧各布设 1 个观测标点。校核基点可布设在两岸灌浆廊道内，也可采用倒垂线作为校核基点，此时校核基点与倒垂线的观测墩宜合二为一。

（3）近坝区岩体及滑坡体。

在近坝区岩体每个断面上至少布设 3 个位移标点，重点布设在靠坝肩下游面。

在滑坡体每个观测断面上的位移标点一般不少于 3 个，重点布设在滑坡体后缘起至正常蓄水位之间。

工作基点建立在距观测标点较近的稳定岩体上。

通常将工作基点和校核基点组成边角网或交会法观测。

2.3.1.2　监测方法

水平位移监测方法见表 2-7。

2.3.2　垂直位移

大坝及其基础和近坝区岩体的垂直位移监测十分重要，它是安全监测的重要指标之一，通过垂直位移可了解坝基工作性状，如是否有不均匀沉降和裂缝的产生，沉陷变形的发展趋势及其变化规律，这对判断大坝是否安全起着重要作用。

表 2-7　水平位移监测方法

部位	方法	说明
重力坝	引张线 视准线 激光准直	一般坝体、坝基均适用 坝体较短时用 包括大气和真空激光,坝体较长时可用真空激光
拱坝	视准线 导线 交会法	重要测点用 一般均适用,可用光电测距仪测导线边长 交会边较短,交会角较好时用
土石坝	视准线 大气激光 卫星定位 测斜仪或位移计 交会法	坝体较短时用 有条件时用,可布设管道 坝体较长时用(GPS 法,下同) 测内部分层及界面位移用 交会边较短,交会角较好时用
近坝区岩体	测斜仪 交会法 卫星定位 多点位移计	一般均适用 交会边较短,交会角较好时用 范围较大时用 可用于滑坡体及坝基
高边坡、滑坡体	视准线 卫星定位 直线测距 边角网 同轴电缆	一般均适用 范围较大时用 用光电测距仪或铟钢线位移计、收敛计 一般均适用,包括三角网、测边网及测边测角网 可测定位移深度、速率及滑动面位置(即 TDR 法)
断层、夹层	断层监测仪 变位计 测斜仪 倒垂线	可测断层水平及垂直三维位移 可测层面水平及垂直位移 一般均适用 必要时用
校核基点	岩洞稳定点 倒垂线 边角网 延长方向线 伸缩仪	也可精密量距或测角 一般均适用 有条件时用 有条件时用 用于基准点传递和水平位移观测

2.3.2.1　监测方法

　　垂直位移监测方法见表 2-8,在一般情况下,采用精密水准法比较方便,对混凝土坝宜按一等水准进行观测,土石坝及滑坡体宜按二等水准进行观测,并尽量组成水准网。对于中小型工程和施工期的工程按位移变化情况,必要时可以考虑降低 1 个等级。

表 2-8　垂直位移监测方法

部位	方法	说明
混凝土坝	一等或二等精密水准 三角高程 激光准直	坝体、坝基均适用 可用于薄拱坝 两端应设垂直位移工作基点
土石坝	二等或三等精密水准 三角高程 激光准直	坝体、坝基均适用 可配合光电测距仪使用或用全站仪 两端应设垂直位移工作基点
近坝区岩体	一等或二等精密水准 三角高程	观测表面、山洞内及地基回弹位移 观测表面位移
高边坡及滑坡体	二等精密水准 三角高程 卫星定位	观测表面及山洞内位移 可配合光电测距仪使用或用全站仪 范围大时用(即 GPS 法)
内部及深层	沉降板 沉降仪 多点位移计 变形计	固定式,观测地基和分层位移 活动式或固定式,可测分层位移 固定式,可测各种方向及深层位移 观测浅层位移
高程传递	垂线 铟钢带尺 光电测距仪 竖直传高仪	一般均适用 一般需利用竖井 要用旋转镜和反射镜 可实现自动化测量,但维护比较困难

2.3.2.2　监测布置

1)精密水准法

(1)水准基点。

水准基点是观测的基准点,应根据建筑物规模、受力区范围、地形地质条件及观测精度要求等综合考虑,原则上要求该点长期稳定,且变形值小于观测误差,一般在大坝下游 1~3 km 处布设一组或在两岸各布设一组 3 个水准基点,组成边长为 50~100 m 的等边三角形,以便检验水准基点的稳定性。对于山区高坝,可在坝顶及坝基高程附近的下游分别建立水准基点。

(2)工作基点。

工作基点是观测位移标点的起始点或终结点,应力求布设在与所测标点处大致相同的高程上,如坝顶、廊道或坝基两岸的山坡上,对于土坝,可在每一纵排标点两端岸坡上各布设 1 个。

(3)位移标点。

一般分别在坝顶及坝基处各布设 1 排标点,在高混凝土坝中间高程廊道内和高土石坝的下游马道上,也应适当布置垂直位移观测标点。另外,对于混凝土坝,每个坝段相应高程各布置 1 点;对于土石坝,沿坝轴线方向至少布置 4~5 点,在重要部位可适当增加;对于拱坝,在坝顶及基础廊道每隔 30~50 m 布设 1 点,其中在拱冠、1/4 拱及两岸拱座应布设标点,近坝区岩体的标点间距一般为 0.1~0.3 km。大型工程一般布设成水准网的形式。

图 2-1~图 2-5 为几种不同结构形式的位移标点和工作基点简图。

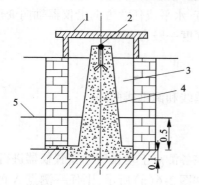

1—盖板;2—标点;3—填砂;
4—混凝土;5—冰冻线

图 2-1　土质上的工作基点　(单位:m)

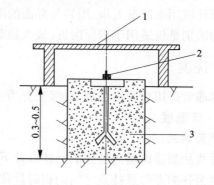

1—盖板;2—标点;3—混凝土

图 2-2　岩石上的工作基点　(单位:m)

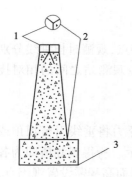

1—强制对中盘;
2—垂直位移标点;
3—基座

图 2-3　综合标

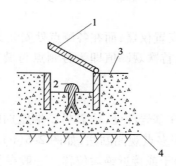

1—盖板;2—标点;
3—廊道底板;4—基岩

图 2-4　混凝土标

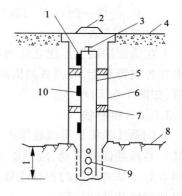

1—电缆;2—盖板;3—标点;4—廊道底板;
5—内管;6—外管;7—橡皮圈;8—基岩;
9—排浆孔;10—电阻温度计

图 2-5　钢管标　(单位:m)

2)三角高程法

近年来,由于光电测距仪和全站仪的应用及对大气折射问题的深入研究,人们对三角高程法给予了高度重视,已能达到或接近二等水准测量的精度。

此法测量外业简单、快速,而且可以观测难以到达测点的高程和垂直位移。

工作基点至少设置两个,位移标点最好安置光电测距仪的反射镜,并采用对向观测作业。

3)遥测法

遥测法有沉降仪法、多点变位计法以及变形计法。

沉降仪主要用于监测土石坝及滑坡体内部沿导管或测斜管轴向多点的垂直位移,读数精度一般为 1 mm,测值为相对于沉降管管口或管底的位移。

多点位移计分单点和多点两种,主要用来测量围岩或近坝区岩体钻孔孔口与锚固端之间的轴向位移及其位移速率,已广泛用于大坝、地基、边坡及地下洞室等变形监测,可在垂直的、水平的或任何方向无套管的钻孔内安装。

变形计可用来测量大坝、围岩及界面的垂直、水平或任意方向沿仪器轴向变形。它与位移计的区别是仅适用于表面附近,最大钻孔深度一般为 10 m。

2.3.3　挠度

挠度通常采用垂线法监测,垂线又分为正垂线和倒垂线两种。

2.3.3.1　正垂线

1)观测站法

将垂线从坝顶或适当位置的悬挂点挂下,在各测点上均设测站安置仪器进行观测,所得观测值为各测点与悬挂点之间的相对位移,如图 2-6(a)所示,则任一测点 N 的挠度 S_N 的算式为:

$$S_N = S_0 - S$$

式中　S_N——正垂线悬挂点与最低点之间的相对位移;

S——任一测点 N 与悬挂点之间观测的相对位移。

2)支持点法

在垂线的最低点建立观测站安置仪器,而在各测点处安装支持点,观测时把垂线分别夹在各支持点上,所得观测值减去首次观测值即为各测点与最低点观测站之间的相对挠度,如图 2-6(b)所示。

2.3.3.2　倒垂线

倒垂线是将铅垂线底端固定在基岩深处,依靠另一端施加的浮力将垂线引至坝顶或某一高程处保持不动,故只能采用多点观测站法,如图 2-6(c)所示。所得观测值即为各测点对于基岩深处的相对位移,等于或接近绝对位移。一般在基岩面高程需设置观测点,以观测坝基处的位移。

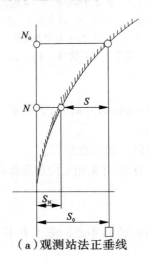

（a）观测站法正垂线　　　　（b）支持点法正垂线　　　　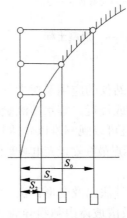（c）多点观测站法倒垂线

图 2-6　垂线观测方式

2.3.4 倾斜

倾斜监测方法参见表2-9。

表 2-9 倾斜监测方法

部位	方法	说明
混凝土坝	倾斜仪 静力水准仪 一等精密水准	包括光学及遥测仪 用于坝体及坝基 用于坝体及坝基表面倾斜
土石坝及面板坝	测斜仪或倾斜仪 静力水准仪 一等或二等精密水准	用于观测内部或面板倾斜、挠度 用于坝体及坝基 用于坝体及坝基表面倾斜
高边坡及滑坡体	倾斜仪 测斜仪或应变管 静力水准仪 二等精密水准	多采用遥测倾斜仪 可分固定式与活动式两种 多采用遥测静力水准仪 用于观测表面倾斜

2.3.5 接缝及裂缝

接缝及裂缝监测方法参见表2-10。

表 2-10 接缝及裂缝监测方法

项目	部位	方法	说明
接缝	混凝土坝	测微器、卡尺及百分表或千分表 测缝计(单向及三向)	适用于观测表面 适用于观测表面及内部
接缝	面板坝	测缝计 两向测缝计 三向测缝计	观测面板接缝,可分别测定各向位移 河床部位周边缝观测 岸坡部位周边缝观测
裂缝	混凝土坝	测微器、卡尺、伸缩仪 超声波、水下电视 测缝计	观测表面裂缝长度及宽度 观测裂缝深度 观测裂缝宽度
裂缝	土石坝	钻孔、卡尺、钢尺 探坑、竖井及电视 位移计、测缝计 探地雷达	观测表面裂缝长度、宽度、深度 观测立面裂缝长度、宽度、深度及位移 观测表面及内部裂缝及发展变化 观测裂缝深度

2.4　渗流监测设计

大坝及其基础的渗流监测是安全监测的重要项目之一,是高于 15 m 以上的大坝必须监测的项目。坝基扬压力是坝体外荷载之一,是影响大坝稳定的重要因素,是评价大坝是否安全的重要指标之一,坝体扬压力主要是指混凝土水平施工缝上的孔隙压力,若孔隙压力过大,说明施工缝面上结合不良。若坝基渗流量突然增大,说明坝基破碎处理和灌浆效果不佳,两岸混凝土与基岩接触不良,可能是混凝土产生裂缝所致。

2.4.1　扬压力监测

2.4.1.1　坝基扬压力监测的布置

扬压力主要是针对混凝土坝和砌石坝进行观测,根据建筑物的类型、规模、坝基地质条件和渗流控制的工程措施等设计布置的。一般应设纵向观测断面 1 ~ 2 个。若下游有帷幕灌浆封闭抽排,可设 2 个断面,即上、下游灌浆帷幕后的排水幕;若下游无帷幕灌浆,仅设上游排水幕处 1 个断面。每个坝段不少于 1 个测点,若地质条件复杂,则应适当增加测点。横向观测断面至少 2 个,依据坝的长度而定,横断面间距一般为 50 ~ 100 m。横断面上测点的布置以能绘制扬压力分布图形为准,一般 5 ~ 6 个测点,帷幕前 1 个测点,该测点距坝基上游面 1 ~ 3 m,帷幕后 1 个测点,排水幕上 1 个测点,排水幕后 2 ~ 3 个测点。上述布置多为重力坝、重力拱坝及支墩坝。测点布置在坝段中心线或支墩中心线上。薄拱坝一般不测扬压力分布,仅在排水幕上布置测点,检验灌浆帷幕效果,测点也应每个坝段设 1 个测点。

为了了解扬压力分布,坝后式厂房的建基面上一般也应设置 3 ~ 4 个扬压力测点,设 2 个横向观测断面,机组多时也可增加横向观测断面。

坝基扬压力监测一般埋设 U 形测压管,测压管用 $\phi 1 \sim \phi 1.5$ in 白铁管引至廊道观测。必要时也可埋设渗压计。扬压力观测孔一般在建基面下 1.0 m。排水幕处的测压管可采用单管,并布设在排水孔之间,绝不能用排水孔作测压管观测孔,若用排水孔作观测孔,则改变了排水孔间距,与设计条件不符。

2.4.1.2　坝体扬压力监测的布置

观测坝体混凝土的渗透压力宜采用孔隙压力计,观测截面一般设在水平施工缝上,有时为了和施工缝面上的渗透压力比较,也布置在两层水平施工缝之间的混凝土内,低于 70 m 的混凝土坝可布设 2 个水平截面,高于 70 m 的坝可布设 3 ~ 4 个水平截面。每个截面上的测点宜布设在上游坝面至坝体排水管之间,或布设在该截面高程上最大静水压的 1/10 处,而且在廊道上游面排水管中心线上观测。测点距上游面距离可为 0.2 m、0.5 m、1.0 m、3.0 m、6.0 m。

2.4.1.3　观测设备

扬压力通常采用测压管和渗压计观测。测压管适用于岩基上坝基扬压力观测,设计时分有横向廊道和无横向廊道两种布置方式。渗压计既适用于坝基又适用于坝体的扬压力观测,其量程应与测点的实有压力相适应,设计坝基扬压力测点时可与测压管结合使用。

2.4.2　渗流压力监测

渗流压力主要针对土石坝进行监测。其中,坝基的渗流压力观测包括坝基天然岩土层、人工防渗设施和排水系统等关键部位的渗流压力分布情况,坝体的渗流压力观测包括确定断面上的压力分布和浸润线位置。

观测横断面的位置应根据工程重要性、土石坝的规模、防渗和排水措施、施工方法和质量、坝基工程地质构造、地层结构和水文地质条件及设计和试验结果等综合考虑而定。

观测横断面一般布置在能控制主要渗流情况和预计可能发生问题的部位,宜选在最大坝高处、合龙段、地形和地质条件复杂处,一般布设 3 个断面。

渗流压力采用测压管和渗压计观测。

渗流压力典型布置如图 2-7 ~ 图 2-10 所示。

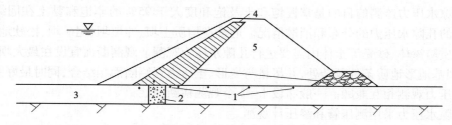

1—测点;2—混凝土截水墙;3—坝基;4—斜墙;5—坝壳

图 2-7　混凝土截水墙防渗斜墙坝测点布置

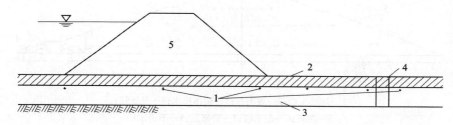

1—测点;2—弱透水层;3—强透水层;4—减压井;5—坝体

图 2-8　双层坝基有减压井测点布置

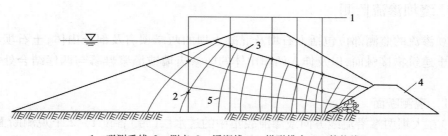

1—观测垂线;2—测点;3—浸润线;4—梯形排水;5—等势线

图 2-9　梯形排水均质坝测点布置

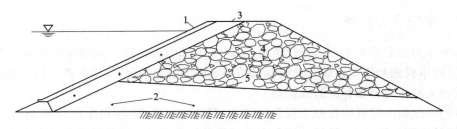

1—面板;2—测点;3—垫层;4—堆石;5—浸润线

图 2-10　面板堆石坝测点布置

2.4.3　孔隙水压力监测

孔隙水压力监测的目的是掌握饱和土及饱和度大于 95% 的非饱和黏土在固结过程中产生的孔隙水压力的分布和消散情况。通常在均质土坝、冲填坝、尾矿坝、松软地基、土石坝土质防渗体、砂壳等土体内需要进行孔隙水压力观测。观测断面宜设在最大坝高、合龙段、坝基地形地质条件复杂处,并尽量与变形、土压力观测断面相结合,同时最好能与上述渗流压力观测相互兼顾。一般布设 1～2 个观测横断面。

孔隙水压力采用测压管和渗压计观测。

孔隙水压力典型监测布置如图 2-11 所示。

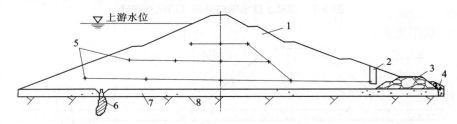

1—均质土坝;2—观测井;3—棱体排水;4—反滤层;

5—测点;6—截水墙;7—砂砾层;8—不透水层

图 2-11　均质土坝孔隙水压力测点布置

2.4.4　绕坝渗流监测

绕坝渗流的监测部位包括土石坝及混凝土坝的两岸坝肩及部分山体,土石坝与岸坡或混凝土建筑物接触面,以及伸入两岸山体的防渗齿墙或灌浆帷幕与两岸结合处等关键部位。

2.4.4.1　观测断面

(1)在大坝两端沿流线方向或渗流较集中的透水层(带)各设 1～2 个观测断面,每个断面上设 3～4 条观测垂线。

(2)在土石坝与混凝土建筑物接触面上布设 1 个断面,2～3 条观测垂线。

(3)在下游河槽两侧阶地中的绕流区,沿主流线方向每侧可增设 1 个观测断面。

2.4.4.2　观测点

（1）在大坝两岸每个观测垂线的钻孔中设 1～2 个观测点,若需分层观测,则应做好层间止水。

（2）在土石坝与刚性建筑物结合部位观测垂线上的不同高程布设 1～2 个测点。

（3）在岸坡防渗齿槽或灌浆帷幕的下游侧布设 1 个观测点,必要时上游侧可增设 1 个观测点。若有断层通过两岸山体,可沿断层方向在断层内布设测点。

（4）对于层状渗流,可利用不同高程上的平洞布设测点。无平洞时,应分别钻孔至各层透水带布设测点。

2.4.5　地下水位监测

对于近坝区的滑坡体及对坝肩或坝基稳定有重大影响的地质构造带宜进行地下水位观测。同时,对隧洞、地下厂房(包括地下泵站)、调压室及泄水孔等可进行外水压力观测。

2.4.6　渗流量监测

渗流量观测包括渗漏水的总流量、分区流量及其水质监测。

根据坝型和地质条件、渗水出流和汇集条件所采用的观测方法等确定观测部位。对坝体、坝基、绕坝渗流及导渗(包括土坝减压井和减压沟)的渗流量,应分区分段进行观测。

渗流观测有以下几种方法:当流量小于 1 L/s 时,采用容积法;当流量为 1～300 L/s 时,采用量水堰法;当流量大于 300 L/s 或受落差限值不能设量水堰时,应将渗流水引入排水沟中,采用流速仪法。

各种量水堰见图 2-12～图 2-14。

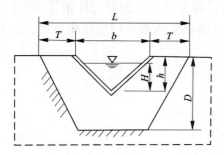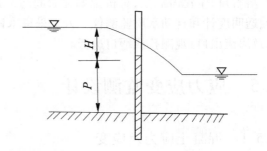

图 2-12　三角形量水堰

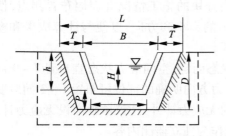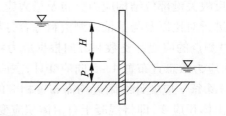

图 2-13　梯形量水堰

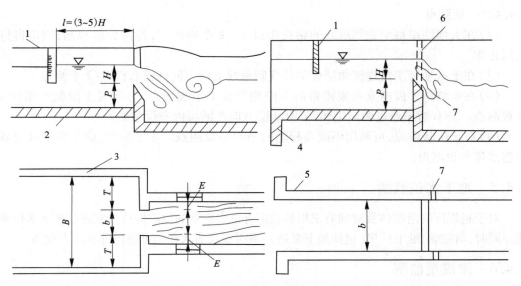

1—水尺;2—堰底;3—堰墙;4—截水墙;5—翼墙;6—通气管;7—通气孔

图 2-14　矩形量水堰

2.4.7　水质监测

　　水质监测主要包括物理指标和化学指标两部分。其中,物理指标有渗漏水的温度、pH 值、电导率、透明度、颜色、悬浮物、矿化度等,化学指标有总磷、总氮、硝酸盐、高锰酸盐、溶解氧、生化需氧量、有机金属化合物等。监测设备主要有水温计、pH 值计、电导率计、透明度计和自动水质监测仪。人工采集水样及自动化监测部位均应在相对固定的水库及渗流出口、观测孔或堰口进行。

2.5　应力应变监测设计

2.5.1　混凝土应力及应变

2.5.1.1　布置要求

　　(1)根据坝型、结构特点、应力状况及分层分块的施工情况合理地布置测点,使观测成果能反映关键部位结构应力分布及最大应力的大小和方向,以便与计算成果和模型试验成果进行对比以及与其他观测资料综合分析。

　　(2)测点的应变计支数和方向根据应力状态而定,空间应力状态宜布置 7~9 向应变计,平面应力状态宜布置 4~5 向应变计,主应力方向明确的部位可布置 1~3 向应变计。

　　(3)除每一应变计组附近均需布置相应的无应力计外,建议单独布设无应力计,直接观测自由体积应变,即将混凝土自由体积应变作为独立监测内容。

　　(4)坝体受压部位可布置压应力计,以便与应变计相互验证,压应力计和其他仪器之间应保持 0.6~1.0 m 的距离。

(5)应力、应变及温度监测应与变形和渗流监测结合布置,在布置应力、应变监测项目时,宜对所采用的混凝土进行力学、热学及徐变等性能试验。

2.5.1.2　重力坝

(1)设计时先根据坝高、结构特点及地质条件选择关键的有代表性的部位作为重点观测基面(坝段)。

(2)在重点观测坝段(基面)上选择 1 个水平观测截面,该截面宜靠近坝基且距坝底 5 m 以上,必要时可在混凝土与基岩结合面附近布设适量观测点。

(3)观测点应布设在观测截面中心线上,纵缝两侧宜布设对应的测点。通仓浇筑的坝体,其观测截面上一般布置 3~5 个测点。

(4)坝踵和坝趾处应加强观测。除布置应力、应变测点外,还应配合布置其他变形和渗流监测仪器。表面应力梯度较大时,可在距坝面不同距离处布置测点,表面测点可布置 1~3 向应变计,离表面距离不小于 20 cm。

(5)观测坝体应力的应变计组与上、下游坝面的距离宜大于 1.5 m(在严寒地区还应大于冰冻深度),但表面测点可不受此限制。纵缝附近的测点宜距纵缝 1~1.5 m。

(6)边坡陡峻的岸坡坝段宜根据设计计算及试验的应力状态按实际需要适当布设应力、应变测点。

2.5.1.3　拱坝

(1)根据拱坝坝高、体形、坝体结构及地质条件,可在拱冠、拱座处选择观测基面(断面)1~3 个,在不同高程上选择水平观测截面 3~5 个。

(2)在薄拱坝的观测截面上,靠上、下游坝面附近应各布置 1 个测点,应变计组的主平面应平行于坝面。

(3)在厚拱坝或重力拱坝的观测截面上,应布置 2~3 个测点,当设有纵缝时,测点可多于 3 个。

(4)观测截面应力分布的应变计组距坝面不小于 1 m(浆砌石坝可不小于 0.6 m)。底部测点高程距离基岩开挖面应大于 3 m,必要时可在混凝土与基岩结合面附近布置适量测点。

(5)拱座附近的应变计组数量和方向以满足观测平行拱座基岩面的剪应力和拱推力的需要为原则。在拱推力方向还可布置压应力计。

(6)坝踵、坝趾及表面应力和应变监测的设计要求与重力坝相同。腹拱坝观测点主要布置在上游坝踵、腹拱周边拉应力区。

2.5.1.4　支墩坝

(1)支墩坝重点观测坝段、观测截面和测点布设可参照重力坝进行设计。

(2)支墩坝挡水部分(支墩头部)的应力和应变监测是重点观测部位,应适当加强。测点的具体位置和数量可结合应力计算与试验成果确定。

2.5.1.5　面板坝

(1)面板混凝土应力及应变测点按面板条块布置,并宜布置于面板条块的中心线上。设置测点的面板条块一般 1~3 个,其中一个应为面板中部最长的条块。

（2）无应力计测点应与应变测点高程相对应。当坝顶较长或各面板条块混凝土性质不同时，可适当增加布置无应力计测点的面板条块。

（3）各测点的应变监测仪器应成组布置，并位于与面板平面平行的同一平面内。一般布置2向应变计，其中一个顺坡方向，另一个呈水平方向，二者夹角为90°。

2.5.2　岩体应力及应变

2.5.2.1　布置要求

（1）根据大坝或地下工程基岩及围岩力学性质和结构情况合理布置测点，以便掌握岩体变形、应变和应力的变化规律及发展趋势。

（2）了解坝肩岩体及洞室围岩的变形情况，掌握有无沿深层特定结构面发生滑移的迹象，要重视拱坝坝肩岩体应力及左右岸应变差异的观测。

（3）观测近坝区岩体及高边坡和消能区山体的稳定状态，包括裂缝、压缩、剪切应变的发展情况。

（4）观测坝基、坝肩和洞室围岩经锚固、洞塞、混凝土置换等基础处理结构的应力、应变状态，以了解处理效果。

2.5.2.2　坝基和坝肩

（1）重点观测断面宜结合混凝土应力和应变观测断面布置，对地质条件复杂和基岩软弱破碎经工程处理的部位要加强观测。

（2）测点布置：重力坝重点是靠上下游坝踵和坝趾部位，拱坝重点是靠两岸坝肩部位。

（3）布设岩体表面应变测点时可采用基岩应变计或三向位移计。基岩应变计的标距长度应为1~2 m，可按1~3向成组布设，同时应布设相应的基岩无应力计。

（4）布设岩体深层应变测点时，可采用多点位移计或滑动测微计。后者可观测钻孔内两球形标之间每间隔1 m的相对变形，精度为±0.03 mm，从而可测出沿钻孔的应变分布，或称为线法观测。

（5）观测的岩体应变当计算应力时，应确定岩石介质的弹性模量和泊松比，除室内试验外，可采用铅孔弹模仪等现场测定。当受压条件明确时，如拱坝推力，可布设直接观测压应力的压应力计。

2.5.2.3　近坝区岩体

（1）布设近坝区的高边坡及滑坡体应变测点时，可采用多点位移计，其锚固点位置应根据位移变化梯度布置，梯度大的部位要适当加密。锚固点不应布置在岩体的不连续面上，要在不连续面两侧各设一个锚固点，最深一个锚固点宜布置在变形可忽略不计处。此外，也可采用上述钻孔测斜仪或滑动测微计。

（2）布设浅层岩体应变测点时，可采用岩石变形计或三向位移计，该仪器可观测岩石变形量，也可换算岩石的应变或应力。

（3）布设近坝区岩体和滑坡体深层地应力测点时，可采用应力解除法，布设三向钻孔变形计或三向岩石应力盒。

（4）当采用锚杆或预应力锚杆（锚索）加固岩体时，可布设锚杆应力计或锚索测力计进行监测。

2.5.2.4　地下洞室

（1）根据洞室结构和地质条件选择典型的有代表性的危及工程安全的地段桩号作为重点（永久）观测断面。必要时可选择部分临时观测断面。断面和测站位置要慎重选择，并尽量缩短引出电缆的长度。

（2）布设观测洞室中开挖过程岩体稳定与松弛情况及喷锚加固长期效果的观测点，可采用多点位移计。

（3）布设观测地下洞室开挖过程中及运行期内岩体或结构物的相对变形，提供地下洞室净空断面内各个方向收敛值的观测点，可采用收敛计或三向位移计。

（4）布设地下洞室开挖后，围岩与喷混凝土之间周边缝的接触应力以及衬砌与喷混凝土之间周围压应力分布的测点，为支护设计和稳定监测提供依据，可采用压应力计。

（5）布设洞室支护锚杆应力测点时，可采用锚杆测力计，一般布设在洞顶及两侧。当采用锚索预应力加固岩体时，可采用锚索测力计或锚索荷重计观测预应力的变化情况。

2.5.3　钢材应力及应变

2.5.3.1　钢筋

（1）在水工建筑物的底孔、廊道、闸墩、隧洞、管道、厂房等钢筋混凝土结构内，宜根据工程需要布设适量的钢筋应力观测断面，每个断面一般需布设 3 ~ 5 个观测点，并应布设相应的钢筋无应力计。钢筋应力通常是测量应变求得的。

（2）布设的钢筋计应焊接在同一直径的受力钢筋的轴线上，焊接方式可采用对焊、坡口焊或溶槽焊，但不得采用帮焊。

（3）受力钢筋之间的绑扎接头应距仪器 1.5 m 以上。当钢筋为弧形时，其曲率半径应大于 2 m，并需保证钢筋计中安装传感器的钢套部分不弯曲。

（4）布设面板坝面板的钢筋应力测点时，宜在面板条块预计拉应力区的顺面板坡方向布置钢筋计，并应考虑与应变计适当结合。

2.5.3.2　钢板

（1）对于影响工程运行安全的重要的钢管、蜗壳等结构，宜布设钢板应力观测断面。

（2）在钢管观测断面上一般至少布置 3 ~ 4 个测点，在蜗壳或其他水工钢结构上可根据应力分布特点布设观测点。

（3）每一测点均应布设环向（切向）仪器，并适量布设相应的轴向（纵向）仪器，测点处钢板的曲率半径不宜小于 1 m。

（4）钢板计采用夹具固定在钢板上，焊接夹具时宜采用仪器模具定位。夹具及仪器表面应涂沥青，夹具结构形式如图 2-15 所示。若采用大应变计，则夹具尺寸相应放大。

（5）钢板计可不专设无应力计，但在计算时应考虑钢材温度膨胀系数的影响，也可以说钢板无应力计应变等于钢板温度膨胀系数产生的应变。

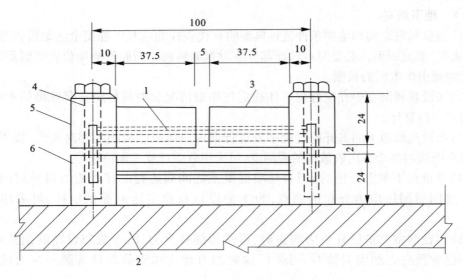

1—小应变计;2—钢管(板);3—保护盖;

4—螺钉;5—上卡环;6—下卡环

图 2-15 钢板计安装示意 （单位:mm)

2.5.4 自由体积应变

2.5.4.1 混凝土无应力计

（1）混凝土自由体积应变包括温度变形、湿度变形和自生变形三部分,通常是采用无应力计进行观测的。其结构如图 2-16 所示。图中括号内尺寸适用于非大体积混凝土或钢筋混凝土,但应采用小应变计。

（2）无应力计与应变计组结合布设时,它们之间的中心距离一般为 1.5 m。无应力计筒内的混凝土与相应应变计组处施工时采用的混凝土性质相同,其湿度和温度条件也应相同。

（3）无应力计的筒口宜向上布设,但当测点温度梯度较大时,则应将无应力计的轴线设计成与等温面正交。

（4）有条件时可选择有代表性的靠近结构物自由表面不受外荷载作用处布设 2 向或 3 向应变计组,其垂直表面仪器的观测结果在扣除泊松影响后,可作为自由体积应变与相应无应力计的观测结果进行校核。

（5）面板坝的无应力计采用图 2-16 中括号内的尺寸进行设计,此时在保证无应力计周围混凝土与面板相同情况下,可将无应力计布设在紧靠面板底部的堆石体内。如果面板较厚、尺寸允许,也可将无应力计布设在面板中部。

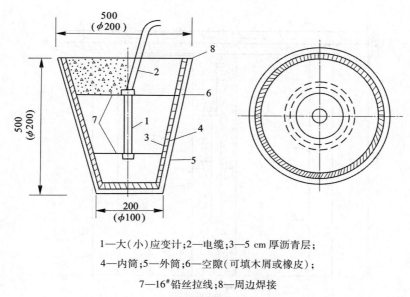

1—大（小）应变计；2—电缆；3—5 cm 厚沥青层；

4—内筒；5—外筒；6—空隙（可填木屑或橡皮）；

7—16#铅丝拉线；8—周边焊接

图 2-16　无应力计结构　（单位：mm）

2.5.4.2　岩体无应力计

（1）在进行岩体应力和应变观测时，应布设岩石无应力计，岩石无应力计结构如图2-17所示。在靠近岩石表面钻成环形槽，以便与周围介质受力条件隔开，中心钻孔安装岩石应变计。

（2）必要时可在测点附近选取性质相同的岩体钻取试样，在室内进行试验，测取岩石温度膨胀系数等力学参数。

2.5.4.3　钢筋无应力计

（1）在布设钢筋应力计时，应布设相应的混凝土无应力计，作为钢筋无应力计使用，其形式可按图 2-17 进行设计和加工，以便于对钢筋计的观测值进行分析计算。

（2）如果在布设钢筋计处同时布设有混凝土应变计组的无应力计，则可以借用该无应力计的测值，而不必另行布设，也就是说，在钢筋混凝土结构中，当相近部位的钢筋计和混凝土应变计的混凝土性质相同时，可共用一支无应力计。

2.5.5　土压力

2.5.5.1　坝内土压力

1）监测内容

（1）土压力（应力）观测包括土与堆石体的总应力（即总土压力）、垂直土压力、水平土压力及大、小主应力等的观测。

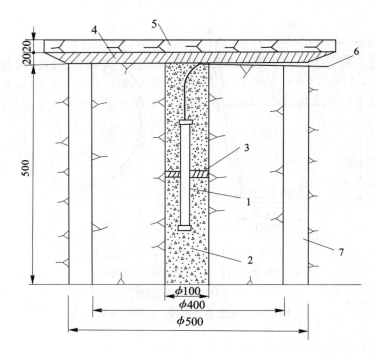

1—岩石无应力应变计;2—水泥砂浆;3—橡皮板;
4—沥青;5—木或钢盖板;6—电缆;7—环形槽

图 2-17　岩石无应力计结构 （单位:mm）

（2）土壤或堆石体的大、小主应力通过采用不同埋设方向的土压计组的观测结果间接确定。

2）监测布置

（1）观测断面。

根据坝体结构、地质条件等因素确定,一般大型工程可布设 1 个观测横断面（基面）,特别重要的工程或坝轴线呈曲线的工程,经论证有必要时可增设 1 个观测横断面。观测断面的位置应与坝内孔隙水压力、变形观测断面相结合。

（2）观测点。

土压力观测断面上一般可沿高程布设 2~3 个观测截面,若需从总压力推求有效应力,则在测点处应同时布设渗压计,同一测点内各观测仪器之间的距离约为 1 m。

（3）观测仪器。

观测截面内每个测点处观测仪器的布设应根据实际情况而定。当观测垂直土压力或水平土压力时,可布置相应方向的单支土压计;当观测主应力大、小和剪应力时,土压计应成组布设,每组不少于 3 个。

由于坝内土压力监测技术尚不够成熟,不宜大量布置仪器。

2.5.5.2　观测试验

1）监测内容

接触土压力监测包括土和堆石体等与混凝土、岩石或圬工建筑物接触面上（边界）的土压力观测，以及混凝土坝上游淤沙压力观测。采用的仪器为边界式土压计。

对于混凝土与岩体接触面上的压力，则应属于混凝土压应力观测，而不应作为接触土压力观测。

2）监测布置

（1）观测断面。

一般选择在土压力最大、受力情况复杂、工程地质条件差或结构薄弱等部位，布置1~3个观测断面。

（2）观测点。

接触土压力的观测点沿刚性界面布置，可分以下几种情况：

①挡土建筑物。在每个观测断面上沿墙的高度布设3~4个测点，在1/2墙高以下布置密些，上部可稀一些。观测坝前淤沙压力时，测点布置在死水位以下。

②建筑物基础。在每个观测截面上布设3~5个观测点，可在截面中心和上、下游各布设1个测点。

③坝内输水涵管。观测断面宜选择在最大坝高处及管长的3/4处。在每个断面的涵管外壁上对称布设3~4个观测点。

④混凝土防渗墙。在观测断面上沿深度方向布设3~5个观测点，位置宜上密下疏。

2.5.6　温度

2.5.6.1　布置要求

（1）温度监测坝段应布设在监测系统的重点坝段。其测点分布应根据建筑物结构特点及施工方法而定。

（2）温度测点位置应考虑结构温度场的状态，在温度梯度较大的部位，如坝面或孔口附近的测点宜适当加密。

（3）坝体、坝面、基岩等各种温度应结合布设。如果有能兼测温度的其他测点，则不应在该测点处再另设温度测点。

2.5.6.2　坝体

1）重力坝和宽缝重力坝

（1）在重力坝观测坝段的中心基面上宜大致按网格法布置温度测点，网格间距一般为10~20 m，上密下疏，以能绘出坝体等温线为原则。

（2）宽缝重力坝和重力坝引水坝段的测点布置应顾及空间温度场观测的需要。考虑到坝段两宽缝间温度对称分布，一般仅在一边布置温度测点即可。

2）拱坝和腹拱坝

（1）在拱坝观测基面，根据坝高不同可布设3~5个观测截面，在截面和基面中心的每一条交线上，至少布置3个测点。在拱坝的应力观测截面上，可增设必要的测点。左右拱端可适当布置测点，以观测不同方向热辐射的影响。

（2）腹拱坝的温度测点,除按重力坝要求外,在腹拱周边宜适当增加观测点。

3）支墩坝

（1）在支墩坝观测坝段不同高程的 3 ~ 5 个截面上布置测点。上游挡水部位宜适当增加测点。

（2）当支墩空腔下游封闭时,可在不同高程适当布置观测空腔内部温度的测点。

2.5.6.3　坝面

1）上游坝面

（1）在观测坝段距上游坝面 5 ~ 10 cm 的坝体混凝土内沿坝高布置测点,可兼作水库温度计,间距一般为 1/15 ~ 1/10 坝高。其中最上部的一个测点可兼作气温观测。死水位以下不受泄水影响的测点间距可适当加大。但多泥沙河流的库底水温多受异重流影响,则不宜加大测点间距。

（2）对于土石坝,可在坝前或泄水建筑物进口前 20 ~ 50 m 设固定观测垂线,其测点至少应在水面以下 20 cm 处、1/2 水深处和接近库底处布设 3 个测点。当水深较大时及水温急变区可适当增加测点。

2）下游坝面

（1）一般布置在 1/2 坝高处的观测截面上,每个仪器的轴线应平行于坝面,距坝面 0 cm、10 cm、20 cm、40 cm、60 cm 各设 1 个测点,但应注意按下游坝面的实际坡度换算成水平距离,如图 2-18 所示。

（2）当拱坝两岸日照相差很大时,宜分别布设测点。

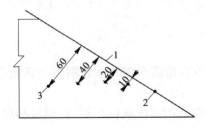

1—下游坝面;2—坝面温度计;3—温度计

图 2-18　下游坝面温度监测布置 （单位:mm)

3）基岩

（1）宜在温度观测坝段的底部,靠上、下游设置深入基岩 5 ~ 10 m 的钻孔。在孔内不同深度布设 3 ~ 5 个测点,其位置宜上密下疏,并用水泥砂浆回填孔洞。

（2）测点位置一般距地面为 0 m、1.5 m、3.5 m、10 m。

（3）对于浆砌石坝坝体表面附近的温度测点,宜在料石孔槽内埋设温度计。

4）空气

（1）一般在坝区至少设 1 个气温测点。

（2）气温测点处应设置百叶箱,箱体离地面 1.5 m,箱内布设直读式温度计、最高最低温度计或自记温度计。必要时可增设干湿球温度计及冰情观测仪器。

2.5.7　地震

2.5.7.1　监测布置

1）地震强震

（1）混凝土坝。

①重力坝可分别在溢流坝段和非溢流坝段各选一个有代表性的观测坝段布设观测点。拱坝的观测断面宜选择在拱冠和拱座部位，以观测到最大地震反应为原则。

②观测点一般布设在坝顶和坝基廊道内，必要时可在其间及其他薄弱部位增加测点。但对薄拱坝，一般应在 2/3 坝高处增设测点。

（2）土石坝。

①土石坝观测断面宜选择在最大坝高或重点观测基面处及地质条件复杂部位。

②测点一般布设在坝顶和坝趾部位，必要时可在 1/2 坝高处增设测点。

（3）附属建筑物。

大坝的主要附属建筑物如闸墩、进水塔、升船机等抗震的薄弱环节，也可布设少量测点。

2）动孔隙压力

（1）动孔隙压力观测的重点部位是土石坝的砂壳底部、松软坝基和高含水量黏土宽心墙等。

（2）观测布置可参照本章第 2.4.3 节孔隙水压力监测部分进行。但对于心墙砂壳坝靠近心墙的上游砂壳底部附近，以及有较大的砂透镜体或砂夹层的松软坝基，可适当增设观测点。

（3）对混凝土坝可在上游面不同高程布设少量动孔隙压力计，作为观测上下游方向地震动水压力的测点。

2.5.7.2　观测设备

1）设置要求

（1）对地震基本烈度 7 度及其以上地区的 1、2 级大坝，经论证有必要时可进行坝体地震反应监测。如果发现达到或超过设计标准的水库诱发地震，应加强地震观测。

（2）地震反应监测包括坝体地震强震和动孔隙压力观测两方面。为了解大坝的整体性状及各坝段间的相对运动，可选择部分坝段的坝顶增设地震测点。

（3）强震观测的传感器与坝体要有良好接触，传感器的振动方向应与待测方向一致。为了排除坝体的库水反馈振动影响，取得坝体实际地震输入，在离坝址较远处基岩上的自由地表也应设置 1 个测点，其距大坝下游的距离以坝高的 2 倍为宜。

2）测震系统

（1）测震系统包括传感器、放大器和记录器三部分（包括触发、启动、时钟、电源等记录服务系统）。对于地震强震观测，一般采用的传感器为数字式强震仪，观测物理量为加速度，重要测点采用三分量强震仪，一般测点可采用顺水流方向的横向或沿坝轴线方向的纵向单分量强震仪。

（2）数字式强震仪采用数字式磁带记录，这种仪器采用了计算机的存储器，加进了绝对时标，便于多台记录进行相位对比，数据处理速度快，精度高，还可兼作结构振动观测使用。

（3）对于动孔隙压力观测，一般采用动孔隙压力计或渗压计及其配套使用的放大器，记录可采用数据采集器或其他放大和记录装置。

2.6　水文及水力学监测设计

2.6.1　水位监测

2.6.1.1　监测布置

1)上游水位

(1)一般在坝前设置1个观测点。水面广阔或形状特殊的水库,可在库区不同部位设置少数临时性测点。施工期也应布设上、下游水位的临时观测点。

(2)上游水位测点宜布设在水面平稳、受风浪和泄流影响较小、便于安装和观测的稳定岸坡或永久建筑物上。

(3)对输泄水建筑物的上游水位测点,可设置在引水管前池、渠首、堰前、闸墩侧壁等处。

2)下游水位

(1)下游水位应布设在受泄流影响较小、水流平顺、便于安装和观测的部位,一般布设在各泄水建筑物泄流汇合处的下游不受水跃和回流影响的地点。

(2)当下游河道无水时,可用河道中的地下水位代替,此时宜布设测压管、观测井或渗压计,并尽量与渗流监测相结合。

(3)消力池下游的水位测点宜布设在距离消力池末端不小于消能设备总长的3~5倍处。

3)观测要求

(1)闸墩、消力池、泄洪工程进水渠的渠首及堰前水位应观测时均水位。坝面波浪、水电站尾水波动、调压井、引水明渠和前池涌浪及船闸充水、泄水时应观测瞬时水位。

(2)时均水位一般用布设水尺法观测。水尺有直立式、倾斜式、矮桩式和悬垂式,也可用自记水位计自动记录。

(3)瞬时水位一般用遥测水位计、渗压计或波浪仪器观测。

2.6.1.2　观测设备

观测设备包括直立水尺、倾斜水尺、悬垂水尺、浮筒水尺、自记水位计、遥测水位计。

2.6.2　降水监测

2.6.2.1　雨量站位置

在坝区选择四周空旷、平坦,避开局部地形、地物影响的地方设置雨量站。一般情况下,四周障碍物与仪器的距离应超过障碍物的顶部与仪器管口高度差的2倍。

2.6.2.2　雨量站面积

雨量站宜设置专用面积,布设一种仪器时,面积不小于4 m×4 m;布设两种仪器时,面积不小于4 m×6 m。周围还应设置栅栏,保护仪器设备。

2.6.2.3　泄洪雾化

泄洪雾化属于临时性监测,测点布置较多,可不受上述要求限制。一般在雾化强降水区布设电测雨量计,在弱降水区则布设人工雨量器。

2.6.2.4　观测设备

观测设备主要有雨量器、自记雨量计、智能雨量计。

2.6.3　压强监测

2.6.3.1　监测布置

1)布置要求

(1)压强观测布置应根据泄水建筑物进出口水位差决定。当水位差超过 80~100 m 时,应布设压强测点,其中包括时均压强、瞬时压强和脉动压强的观测。

(2)布设测点时以能反映过水表面压强分布特征、满足监测工程安全运行为原则。

2)观测点

(1)泄水建筑物测点一般布设在闸孔中线、闸墩两侧和下游曲线段或不连续部位,如溢流坝的堰顶、坝下反弧及下切点附近以及相应位置的边墙等处。

(2)对于过水边界不平顺及突变等部位,如平板闸门槽下游边壁、挑流鼻坎、消力墩侧壁等,需布设测点。

(3)有压隧洞(管道)进口顶部曲线段、渐变段、分岔段及局部不平整突体的下游边界上宜根据需要布设测点。若为测取压力管道的沿程和局部水头损失,则应在管道突变位置的上、下游及均匀段分别布设测点。

3)观测站

(1)观测站应尽量保持干燥、通风,室温基本稳定,并避免受建筑物或地基震动的影响。

(2)电源应保持稳定,不受大功率电气设备影响及信号的干扰。

(3)观测站应尽量靠近测点,交通方便,照明良好。

2.6.3.2　观测设备

观测设备有测压管、测压计。

2.6.4　消能监测

2.6.4.1　观测内容

(1)消能观测包括底流、面流以及挑流三类水流形态的测量和描述。

(2)对底流消能观测的重点是水流从急流状态变化到缓流状态时水面产生水跃的水力现象。包括跃前及跃后水位、水面线、水跃形态和长度以及水跃平面流态与流速等。

(3)对面流消能观测的重点是坝下水流流态及面流波。包括回流范围及回流中心、回流流向、淤积区、波动特性及岸边波浪爬高、波高沿程衰减过程及终点。

(4)挑流消能观测的重点是挑流水舌和水垫消能及雾化。包括水舌出射角及入水角、水舌轨迹及挑距、冲坑、平面扩散度及碰撞流态、雾化范围和强度的测定。

2.6.4.2　观测点

（1）底流消能测点布设位置以能观测出水流平面图和水跃剖面图为原则。

（2）面流消能测点布设位置以能观测出水舌流态剖面图和水流平面图以及面流波的衰减图为原则。

（3）挑流消能测点布设位置以能测出水舌轨迹图与水舌扩散平面图及雾化范围和降水强度等值线图为原则。

2.6.4.3　观测方法

观测方法有方格网法、水尺组法、经纬仪交会法、摄影法。

2.6.5　冲淤监测

2.6.5.1　监测布置

1）观测断面

（1）库区。

通常在拦河坝前布设 1 个断面，至入库口均匀布置若干个断面，断面方向一般与主河道基本垂直，在河道拐弯处可布置成辐射状。

（2）河床。

水闸建筑物一般由上、下游护坦末端起分别向上、下游延伸相当于河道宽度的 2～3 倍距离内布置断面，以上、下游各布设 5～10 个断面为宜。

2）测点定位

（1）缆索法。

对于库面较窄的河床式水库，流速在 1～1.5 m/s 以内时，可采用缆索法决定测深点的位置，施测方便，成果可靠，即在两断面桩间固定一根钢丝索或大麻绳索，在缆索上根据测点位置设立标志，施测时测船沿缆索逐点进行，在邻近岸边测点时还应测量出最近岸边标志到水边的距离，如图 2-19 所示。

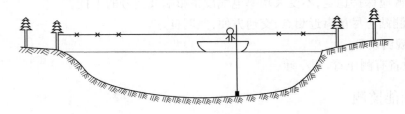

图 2-19　缆索法定位

（2）交会法。

当库面宽度大于 150～200 m，且流速大于 1.5 m/s 时，可采用测角交会法决定测点位置，在适当位置布设两个控制点，各架设一部经纬仪或大平板仪，对各测点进行交会测量，如图 2-20 所示。

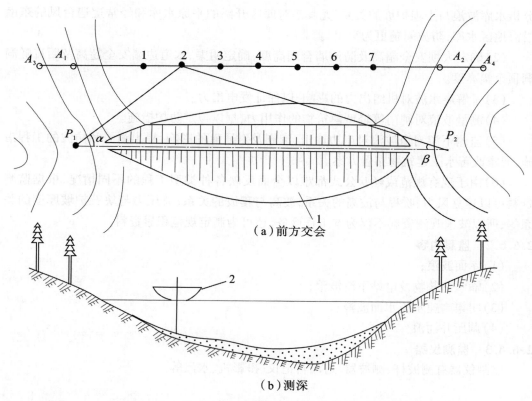

（a）前方交会

（b）测深

1—拦河坝；2—测船；P_1、P_2—控制点；A_1、A_2—断面桩；A_3、A_4—导标

图 2-20　前方交会法定位

2.6.5.2　监测方法

监测方法见表 2-11，可根据需要将其中两种方法结合使用。

2.6.5.3　观测设备

观测设备有探测杆、测深锤、测深铅鱼、回声测深仪、水下探测仪等。

表 2-11　库区及河道变形监测方法

部位	方法	说明
库区	断面测量法	适用于狭长形库区的水库
	直接测量法	适用于水深不大的水库
	地形测量法	适用于库区辽阔、形状复杂的水库
河床	断面测量法	适用于中小型河道及冲刷坑
	地形测量法	适用于大型河道

2.6.6　波浪监测

2.6.6.1　监测目的

（1）掌握库区风生波的发展规律，制订库区护岸和土石坝护坡方案，防止发生破坏。

分析水库波浪与土坝护坡的关系,尤其是对库区开阔的平原水库和经常遭遇台风的东南沿海地区水库,防波问题更为突出。

(2)确定大坝安全超高及防浪墙合理高度,确定明渠、水道边墙安全超高及明流隧洞洞顶余幅高度。

(3)了解尾水波对机组出力的影响,以保证发电出力。

(4)测量波浪对闸门等轻型建筑物的作用力,据以拟定防护措施。

(5)监测下游河道波浪对岸边冲击、淘刷及对通航的影响,提出消波和防波的工程措施,寻求改善水工建筑物布置方案。

(6)由于现有规范或经验公式都难以全面反映各种类型工程的不同情况,根据监测资料可以建立风力、吹程与波高的关系,波高与爬波的关系,波压力与块石护坡厚度的关系等,所以波浪观测资料不仅为本工程服务,还可为制定规范积累资料。

2.6.6.2　监测内容

(1)库面波浪;

(2)输水建筑物及电站下游波浪;

(3)明渠高速水流水面波浪;

(4)调压井涌浪。

2.6.6.3　监测仪器

监测仪器有测波杆、测波器、遥测自记仪、摄影机、水尺等。

2.7　自动化监测系统设计与优化

2.7.1　自动化的要求

(1)实用性。

要适应施工期、蓄水期、运行期及已建工程更新改造的不同需要,便于维护和扩充,每次扩充时不影响已建系统的正常运行,并能针对工程的实际情况兼容各类传感器。

能在温度 −30 ~ +60 ℃、湿度95%以上及规定水压条件下正常工作,能防雷和抗电磁干扰,系统中各测值宜变换为标准数字量输出。操作简单,安装、埋设方便,易于维护。

(2)可靠性。

保证系统长期稳定、经久耐用,观测数据具有可靠的精度和准确度,能自检自校及显示故障诊断结果并具有断电保护功能。同时具有独立于自动测量仪器的人工观测接口。

(3)先进性。

自动化系统的原理和性能应具备先进性,根据需要和可能采用各种先进技术手段与元器件,使系统的各项性能指标达到国内外同类系统的先进水平

(4)经济性。

系统中软硬件要力求价格低廉,经济合理,在同样监测功能下,性能价格比最优,且有良好的售后服务。除能在线及时测量和处理数据外,还应具有离线输入接口。

2.7.2　自动化监测的内容

（1）建筑物内部应力、应变、钢筋应力、渗透压力、温度等自动化监测。内部观测仪器主要采用差动电阻式和钢弦式两个系列。主要品种有应力计、应变计、测缝计、钢筋计、渗压计和温度计。

（2）建筑物外观变形监测，包括水平位移和垂直位移监测两部分。水平位移主要采用各种原理的垂线坐标仪和引张线进行自动化监测，测读仪器分为步进电机式、电容感应式、光电耦合陈列式（CCD）和激光准直式。垂直位移监测自动化仪器有差动变压器式静力水准装置和电容式静力水准装置。地基和边坡变形监测则采用多点变位计和钻孔倾斜仪等。

（3）扬压力和渗漏量监测。扬压力自动化监测仪器主要有钢弦式、差动电阻式、电阻应变片、电感式和压阻式。监测渗漏量的仪器有管口渗流量计及多种形式的量水堰水位遥测仪。

（4）环境变量的自动监测项目包括水位、水温、气温和降雨，通常由水文气象测报系统进行测量。

2.7.3　自动化系统结构模式

自动化监测系统按采集方式分为集中式、分布式和混合式三种结构模式，见图 2-21 ～图 2-23。

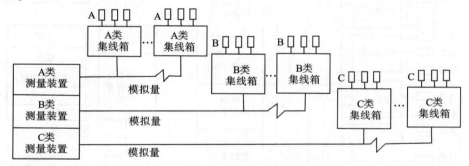

A、B、C—不同类型传感器

图 2-21　集中式自动化监测系统框图

2.8　监测工程的施工组织设计

施工组织设计是安全监测设计的重要组成部分，是编制工程概预算和招标、投标文件的主要依据，是工程施工的指导性文件。它对于正确确定监测系统布置、优化设计方案、合理组织施工、保证工程质量、避免与总体工程干扰、缩短工期、降低造价都有十分重要的作用。

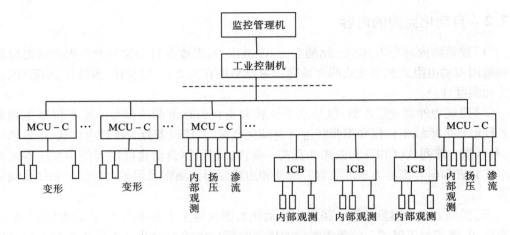

MCU – C—电容仪器测控装置;ICB—智能转换箱

图 2-22　分布式安全监测系统结构框图

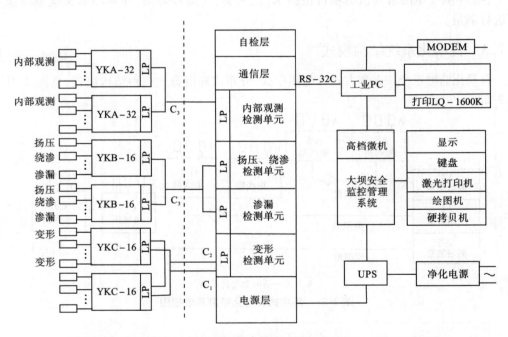

LP—混合式雷电保护;C_1—3 芯屏蔽电缆;C_2—14 芯屏蔽电缆;C_3—20 芯屏蔽电缆

图 2-23　混合式安全监测系统结构框图

2.8.1　监测工程施工组织设计要求

监测工程施工组织设计应符合下列要求:

(1)在设计中,必须根据特定水利工程项目的施工特点,认真研究监测系统设计布置和技术要求,并要符合现行的施工组织设计规范和有关施工规程、规范,以保证工程质量。

（2）施工程序应符合水利工程总进度计划和施工程序的要求，要有与其协调平衡的措施，避免干扰、冲突，确保初期监测和施工期监测取得准确的初始状态值和时间与空间上连续的、全过程的资料，并确保仪器安装埋设的质量。

（3）施工进度应符合工程施工总进度的要求。在满足工程总体施工的前提下，制订各项工作的方案，方案的确定要有比较，择优选用。

（4）设计中必须编制完整的监测工程施工技术规程，用以保证监测工程施工严格遵循有关规程、规范，达到监测系统设计标准和要求。

（5）设计中应考虑监理常规要求，并将要求编入设计文件中，便于施工人员对此有明确的认识和遵照执行。

2.8.2　施工组织设计的步骤与内容

（1）调查分析研究工程特性和施工条件。

掌握水利工程和安全监测工程的特性及施工条件是施工组织设计的基础工作。

（2）确定施工程序和施工方法。

监测工程的施工程序和方法常常受到相邻工程和水利工程施工的影响，因施工条件的变化而变化。因此，施工程序和方法需要准备多种方案，以适应这种多变的施工条件。

（3）编制进度计划。

施工进度计划需在编制施工组织和作业循环图表、各种仪器设备安装埋设设计的基础上进行编制，并同时考虑工程总进度的要求。

（4）编制施工技术规程。

编制的技术规程应包括土建施工规程、仪器设备组装检验率定规程、仪器设备安装埋设规程和观测与资料整理分析规程。此外，在技术规程中，对监测工程施工有影响的施工条件提出有限定要求的文件。

2.9　监测设计工程实例

本节选择几个有代表性的工程实例，分别从监测设计、施工、资料分析、工程安全评价等方面进行介绍。

2.9.1　大坝安全监测工程实例

2.9.1.1　龙羊峡水电站坝基安全监测

1）工程概况

龙羊峡水电站总装机容量 128 万 kW，总库容 247 亿 m³。大坝为混凝土重力拱坝，最大坝高 178 m，底宽 80 m，最大中心角 32°03′39″，上游面弧长 396 m，左右岸均设有重力墩和混凝土副坝，挡水建筑物前沿总长 1 227 m。坝基岩性均一，为花岗闪长岩，岩盘为块状岩体。在坝线上游、右岸副坝右端及下游冲刷区的右岸为三叠系变质砂岩夹板岩。

坝区岩体经受多次构造运动,断裂发育,北北西、北西向压扭性断裂和北东向张扭性断裂构成坝区构造骨架,地形条件复杂,有 8 条大断裂和软弱带切割,且库内有上亿立方米的巨大滑坡。详见图 2-24。

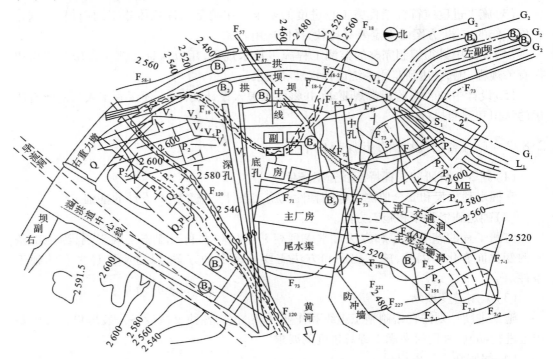

G₁～G₂—帷幕灌浆洞中心线;B₁～B₉—排水洞中心线;P₁～P₅—F₁₂₀抗剪洞塞;P₁′～P₂′—T₁₆₈抗剪洞塞;
P₁″～P₂″—F₇₃～F₂₁₅抗剪洞塞;V₁～V₉—F₁₈置换洞塞;V₁—F₇₁灌浆置换洞塞;Q₁～Q₂—F₁₂₀灌浆置换洞塞;
1#～4#—传力洞塞;S₁～S₂—传力槽塞;L₁—F₇₁置换竖井塞

图 2-24　坝区岩体主要断裂分布及基础处理总图　（单位:m）

主要工程地质问题有:①两岸坝肩的深层抗滑稳定性较差;②距拱端较近的两岸坝肩断层岩脉及其交汇带将产生较大变形;③坝区岩石透水性较小,但断裂发育,成为主要渗水通道;④各泄水建筑物的冲刷区位于坝线下游,冲刷坑范围内局部岩体有失稳的可能。

根据枢纽布置形式、工程地质条件和存在的问题,要求大坝安全监测能准确、迅速、直观地取得数据,确保大坝安全运行。为此,坝基观测的主要内容是:①坝基和坝肩岩体的变形与位移(垂直、水平),特别是坝肩主要断层结构面的张拉、压缩、剪切变形;②坝基、坝肩岩体的地下处理工程结构物的性态、应力状况;③坝基、坝肩岩体的渗漏状况、渗透压力(指坝基扬压力、绕坝渗透压力)、渗漏量、侵蚀情况等;④位于高陡边坡上的泄水建筑物的稳定状况,高速水流作用下下游防冲工程的安全状况,冲坑两侧山体的稳定状态;⑤区域或局部性的地震及坝肩岩体动力反应观测。

2）变形监测

（1）坝址区平面变形控制网。

平面变形控制网是为宏观监测大坝、基础、两岸坝肩岩体、泄水建筑物以及下游消能区岸坡的稳定和水平位移而设置的。根据龙羊峡坝址区具体的地形、地质条件，平面变形控制网由七点组成，为精密边角网，详见图 2-25，网中边长采用 ME5000 光电测距仪测量。

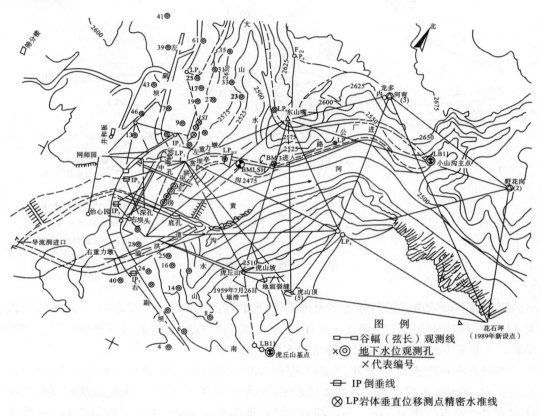

图 2-25　龙羊峡坝区平面控制网（含绕坝渗流）

为了获取在施工期两岸坝肩岩体的变形及稳定状况，1986 年 6 月采用 ME3000 精密光电测距仪对施工网进行了全网的复测。经平差计算，观测成果表明：大坝坝基开挖、混凝土浇筑期间，两岸近坝区的上部岩体均向河心变位。左岸近坝线上游岩体倾向河心 12 mm 左右，下游侧岩体倾向河心 25 mm 左右，左岸近坝线坝肩岩体倾向河心 15 mm 左右，左岸明显大于右岸，同时变形岩体的范围也大得多。

将变形控制网和施工网点 1989 年初的资料综合起来，经变形分析：两岸坝肩上部岩体受到水荷载的推力，有向下游变位的趋势，这种变形反映在初期蓄水的头两年间，而后在水库水位从 2 547 m 升至 2 575 m 时，变位不明显。

（2）坝址区精密水准控制网。

精密水准控制网是为研究大坝、坝基和两岸坝肩岩体垂直位移而设立的。它将与坝址下游区地形变化观测网、库区左岸精密水准线路联系在一起,组成龙羊峡高程控制网,参见图 2-26。

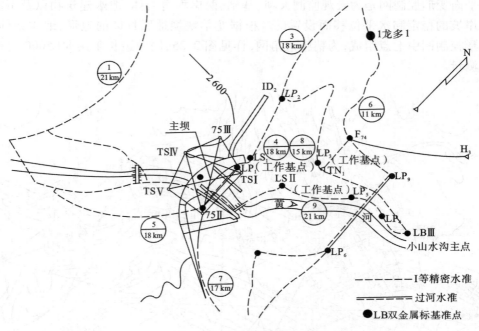

图 2-26 精密水准网网形

根据龙羊峡水电站的具体地形地理条件,水准网由 9 条线路组成多个环线,环线全长为 12 km。网中建有 3 个深埋式双金属标志作为高程基点,观测采用东德蔡司厂生产的 Ni002 自动安平水准仪,按国家二等精密水准要求作业。

本网首次观测始于 1979 年,与施工控制水准网结合在一起,进行了 6 次复测,下闸蓄水前 3 次,下闸蓄水后 3 次。观测成果表明:在大坝坝基开挖、混凝土浇筑期间,坝基、两岸坝肩岩体垂直位移为下沉。左岸坝肩上部岩体与河床基础(主坝 $8^{\#}$ 坝段 2 443 m 廊道内设 BM_8 甲)的下沉量差不多,约为 20 mm,但远离坝肩部位的点,比如进厂公路十字路口的钢管厂 JD2,下游 $3^{\#}$ 交通洞进口处的 TS II 点的垂直位移就很小。右岸坝肩上部岩体沉降量小于左岸,为 12 ~ 14 mm。下闸蓄水后,坝基、坝肩岩体的垂直位移趋于平稳。大部分测点高程变化值均小于 2 mm。

(3)谷幅测线长度测量。

在近坝轴上、下游坝肩上部岩体上,布置了 3 条谷幅测量线。采用 ME3000(ME5000)光电测距仪测量边长变化,观测周期为 10 ~ 15 d 一次。

龙羊峡坝肩谷幅测量始于 1986 年 6 月,蓄水后连续三年的观测资料说明:上游谷幅变化很小,约 2 mm,且有随水库水位升高测线伸长的相关关系;紧靠坝肩下游拱座的谷幅,一直呈缩短方向发生塑性变形,数量已达 13 mm。

（4）高陡边坡稳定监测。

按照工程地质方面提出的要求,参照地质力学模型试验的成果,结合两岸护坡工程的格局,在两岸坝肩地表和下游冲刷区右岸高边坡岩体上设置位移监测点 25 点。测点的水平位移、垂直位移分别采用精密测边交会和二等水准及三角高程测定法测定。

（5）坝基水平位移监测。

龙羊峡水电站坝基和坝肩岩体深层滑动位移主要采用倒垂线法进行监测,在布置形式上组成地下垂线网（参见图 2-27）。

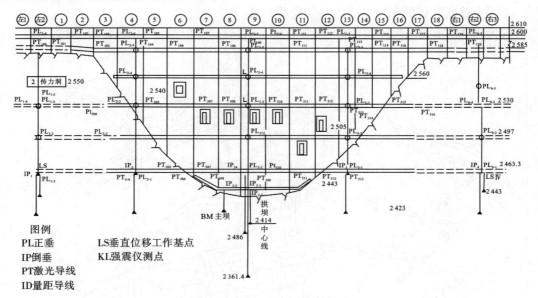

图 2-27　主坝纵剖面观测布置

垂线观测网由 13 条倒垂线、7 条正垂线组成:主坝坝基设置倒垂线 7 条、正垂线 5 条;右岸副坝坝基设置 2 条倒垂线;两岸坝肩岩体内设置 4 条倒垂线、2 条正垂线。除右岸副坝倒垂线外,所有倒垂线锚固点高程均在 2 423 m 以下的岩盘上,比河床最低建基面 2 435 m 高程低 12 m。为了监测倒垂线锚固点的稳定性,将地下监测网与表部监测网连为一体,在主坝 4# (左 1/4 拱)、9# (拱冠)、13# (右 1/4 拱)坝段 2 600 m 层正垂线悬挂点处,设立标点,直接与坝址区变形控制网联测测定。

左岸监测岩体变位的垂线通过了左岸主要断层带。IP_{11} 垂线位于中孔鼻坎基础岩体内 2 462 m 高程位置,设置了两根倒垂线,锚块分别埋设在 F_{215} 的上盘和下盘上,下盘锚块高程 2 419.3 m。右岸监测岩体变位的垂线通过了右岸主要断层底滑面。

三年的垂线观测资料表明:两岸坝肩 2 530 m 高程以下岩体变位很小,顺河向、横河向变位均在 1~2 mm 内变动,左岸以 F_{73} 为底滑面,右岸以 T_{314} 及 F_{18} 为底滑面,上、下盘岩体的相对变位过程线及波动形态表明没有明显的变位,处于稳定状态,坝基河床基岩变位也很小,径向 1 mm 左右,切向向左岸 0.5~0.8 mm,三根不同深度垂线测值基本相同,说明倒垂锚固点是稳定的,坝基岩体向深部变位很小。

（6）坝基倾斜观测。

坝基倾斜观测布置在主坝 2 438 m 高程的基础横向排水廊道内,测线 4 条,每条测线由 4 个墙上水准标志组成,兼测坝体基础基岩的不均匀沉陷。测线用精密水准观测各测点间的相对高差变化,计算倾斜角,求出基础倾斜值。

大坝蓄水至今的观测成果表明:坝基垂直位移约为下沉 1.5 mm,未发现不均匀沉陷,坝基倾斜主要表现为受水荷载的推力向下游倾斜,量级大多小于 5″ ~ 8″。与坝体垂线观测中径向位移值朝向下游侧。

（7）主要断裂带的张拉、压缩、剪切位移观测。

观测项目:坝前断裂张拉变形、坝肩断层压缩、剪切变形观测,见图 2-28、图 2-29。

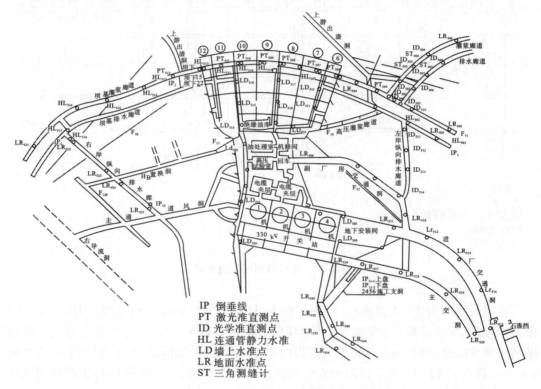

图 2-28　龙羊峡电站 2 463 层外部观测点布置

左岸坝肩坝轴线以上有 G_4、F_2 等断层通过,在拱坝推力作用下,将经受拉剪作用,影响左岸坝肩岩体的稳定。G_4 为一组雁行排列的伟晶岩劈理带,总的延伸方向为 NE30° 左右,倾向 NW,倾角 80° 以上,平均宽度约为 5 m,延至北大山沟减为 1 ~ 2 m。计算试验表明,在正常蓄水下,G_4 将有不同程度的拉裂,原因是坝基产生拉应力区的结果。因此设计要求,除对 G_4 采用严密的工程处理措施外,尚需加强观测,是否因 G_4 产生大的变形危及左岸坝肩岩体的稳定? 右岸坝肩坝轴线上游也有一条 NNW 向的断层 F_{58-1} 通过,宽度仅有 5 cm,且胶结较好,对右岸坝肩岩体影响程度小于左岸 G_4,但也可能产生张拉变形,形成渗水通道,殃及 F_{120}。

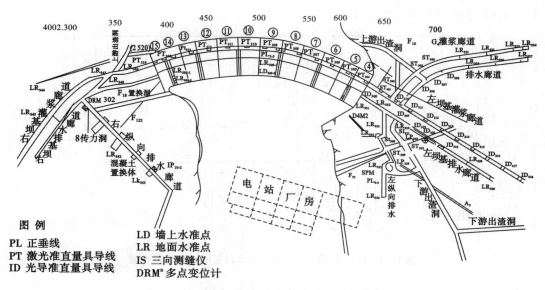

图 2-29　龙羊峡电站 2 530 层外部观测点位布置

　　针对坝前断裂拉裂变形和坝肩断裂压缩剪切变形,设置了以下观测项目:

　　①多点位移计系统。在左岸坝肩岩体 2 463.3 m、2 497 m、2 530 m 高程的帷幕灌浆廊道中,在拱座附近、IP_2、PL_2 正倒垂线附近,钻设径向、水平向钻孔,安装多点位移计,直接测量 G_4 的开裂度和坝轴线上游岩体的张拉变形。

　　选取 2 530 m 高程面于左、右岸顺河向排水廊道中,左岸 PL 正垂线上方,与断层正交设置水平向多点变位计,直接测量 F_{71}、F_{67}、F_{73} 断层的压缩变形;右岸 PL_6 垂线下游向与断层斜交,设置水平向多点位移计,直接测量 F_{120}、A_2 的压缩、剪切变形。

　　②精密量测系统。在 G_4 对应的 2 463.3 m、2 497 m、2 530 m 层帷幕灌浆、排水隧洞中设置精密量距导线和精密水准测线,以观测岩体的相对变位(张拉、剪切、垂直)。

　　③在跨 G_4 的灌浆、排水隧洞混凝土衬砌体上游墙分缝处,设置型板式三向测缝计,直接量测因岩体变位所引起的混凝土建筑物的变形。

　　④在两岸表部上游建立变形控制网点,测量地表变形。

　　⑤在右岸坝前贴坡混凝土体内,用风钻水平钻孔,穿过 F_{58-1},安装岩石变位计,直接测量 F_{58-1} 的拉伸变形。岩石变位计埋设高程为:2 484 m、2 500 m、2 520 m、2 540 m、2 560 m。

　　下闸蓄水以来的前三年观测资料表明:水库蓄水位低于 2 550 m 时,左岸 G_4 开裂甚微,仅 0.2～0.3 mm,右岸 F_{58-1} 仅 0.1 mm。水库蓄水位达 2 575 m 时,左岸 G_4 开裂增大小于 1 mm,右岸 F_{58-1} 在 2 560 m 高程处开裂达 0.7 mm。两岸坝肩断层的压缩变形值不大,左岸 0.3 mm,右岸最大 0.4 mm。

　　3)坝基温度、应变、应力观测

　　坝基温度、应变、应力观测的目的在于了解不同工作条件下,坝基岩体和地下基础处理工程结构内部的工作状况,分析其状态变化是否正常,监测大坝安全运行。主要观测项目有:温度观测;岩基及地下基础处理工程结构内部应变、应力观测;坝体与岩体接触缝的开度观测,参见图 2-30、图 2-31。

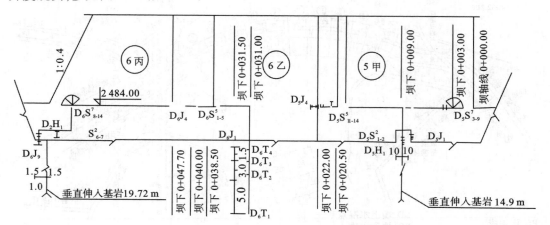

图 2-30　主坝 5#甲、6#乙、6#丙坝段基础部位仪器布置

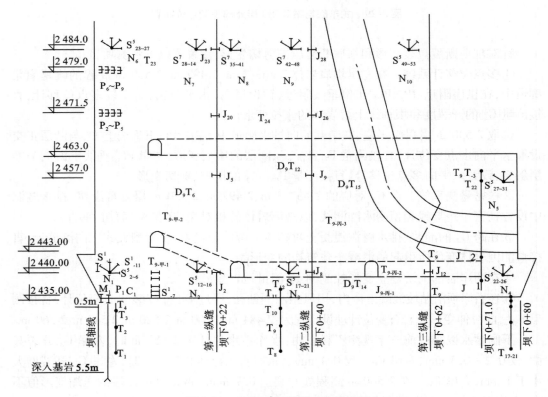

图 2-31　主坝 9#坝段基础仪器布置

(1)坝基温度观测。

为了解基岩内部的散热情况及地温分布状况,在下列不同部位布置了温度观测:

在大坝拱冠梁基础基岩内,沿不同深度铅直向布置了三排基岩温度测点;

在左、右 1/4 拱(5 坝段、13 坝段)坝基中部岩体内,沿不同深度铅直向布置了一排基岩温度测点;

在左岸 2 550 m 层传力洞、右岸 2 530 m 层 F_{18} 置换洞塞的岩体内,沿不同深度铅直向、水平向各布置了一排基岩温度测点。

观测资料表明:坝基基岩温度约为 +10.5 ℃,年变幅很小,约 ±1 ℃;两岸坝肩由于边坡坝块仍处于施工阶段,温度变幅较大。

(2)坝基及地下基础处理工程结构应变、应力观测。

根据大坝应力计算、模型试验成果,结合变形观测布置,选择拱冠 9[#]坝段,左右 1/4 拱即 5[#]坝段和 13[#]坝段为主观测梁向断面;选取 2 600 m、2 576 m(坝肩拱座)、2 558 m、2 520 m、2 484 m 高程五个拱圈做为主观测水平截面。因此,将梁向断面的基础基岩、拱向观测截面的拱座基岩列为重点部位,布置岩基应变、应力观测仪器。埋设的仪器有:单向(水平、垂直)、双向、五向应变计组;无应力计;WL - 60 压应力计;用测缝计改装的岩石变位计(按需要水平向或垂直向埋设)等。

龙羊峡大坝两岸坝肩断层深层特殊处理,分层设置了传力洞、混凝土置换洞和抗剪洞塞,由于这些处理结构受力十分复杂,为了解其受力状态以及与围岩的结合状况,选择了 2 463 m、2 497 m、2 530 m、2 550 m 高程四层处理结构,在混凝土体内布设了钢筋应力计、应力计、应变计(少量的七向应变计组)、无应力计、测缝计、岩石变位计等。观测资料表明:拱冠坝基受力状况良好,坝踵处于受压。

(3)坝体混凝土与基岩接触缝的开度观测。

坝体混凝土与基岩接触缝的开度变化是评价坝体和岩体整体作用的十分重要的观测项目。最好能在拱端和坝踵、坝趾部位全面布置三向测缝计。由于当时国产的三向测缝计尚不过关,故龙羊峡坝基没有埋设,而仅在梁向断面的坝基、拱向截面的拱座处埋设了单向测缝计和岩石变位计。

观测结果表明:基岩与坝体混凝土结合良好,大多数仪器开度测值变化微小,仅0.3 mm左右,个别部位缝展度达 2 mm。

4)渗流监测

渗流观测是坝基原位观测中十分重要的观测项目,它包括绕渗观测、坝基扬压力观测、坝肩主要断层带渗压观测、岩体渗漏量观测、渗透水质分析五项。

(1)地下水动态观测。

本观测系统主要根据水文地质条件、渗漏类型和地下水流线的形态等因素进行布置。对于散状渗漏类型,一般应沿主要透水结构面做网格布置,而从地下水流线来考虑,则一般应沿流线方向布置,同时由于坝区岩体内存在对坝基、坝肩稳定不利的缓倾角夹泥结构面和在岩体受力后能产生较大压缩剪切变形的构造带。因此,地下水位观测孔又必须通过这些对工程影响较大的构造带。综合上述因素,观测孔基本按网状布置。网格的一个方向大体沿着与地下水等高线(根据三向电模拟渗透试验成果)相交的方向布置;另一个方向则大体沿北东方向,即约平行于对坝区渗透起主导作用的张扭性构造带的方向布置。使观测网中部分钻孔分别通过 G_4、N、F_{120}、NA_2 和 F_7 等断层构造带。

地下水观测孔布置在左右副坝范围内,上自坝轴线以上约 50 m,下至南北大山水沟,面积约为 0.6 km²。孔距一般为 50～100 m,两岸共设置 41 个观测孔。钻孔深度一般深入天然地下水位以下 10～20 m,孔径不应小于 75 mm,以便取出水样,孔口设保护装置,参见图 2-30。

此外,大坝下游坝肩岩体设有三道顺河向排水幕,其中右岸二道,一道在溢洪道底板下,廊道内打孔至导流洞,另一道在 F_{120} 左侧,左岸一道。左、右岸坝肩排水幕均有三层廊道,分别与坝基第二道排水幕的 2 530 m、2 497 m、2 463.3 m 层廊道相连接。顺河向排水幕最低一层廊道的排水孔可以作为观测孔使用,两岸副坝下游的排水孔也可用来进行地下水动态的观测。

(2)坝基扬压力观测。

为监视坝基扬压力的大小及其变化,在大坝基础内设置了扬压力观测断面。坝基帷幕灌浆廊道内,沿帷幕灌浆孔中心线方向设置纵断面,在此纵断面上,坝基每间隔一个坝段设两个或一个钻孔。设两孔时,其中一个孔倾向上游,倾角 60°,孔底位于帷幕上游,另一孔孔底在帷幕下游,用这样一对孔互相对照,监视帷幕的工作状况。设置一个孔时,钻孔在帷幕下游。

沿坝基上下游方向设置横断面。在右岸副坝(右 2#)、右岸重力墩各设一个观测横断面,重力拱坝内设 4 个横断面。左岸重力墩设一个横断面,共计七个横断面。其中右岸副坝内的横断面主要监测溢洪道附近破碎较严重的基岩地区扬压力分布情况,此处距河床较远,地下水渗流流态接近两向渗流场。右岸重力墩内的断面主要监测 NE 向断层 F_{120} 和 A_2 的渗流情况。13# 坝段和 4# 坝段的观测断面位于岸坡地下水的有压—无压渗流区。河床 8#、9# 坝段及 10#、11# 坝段的横断面位于河床地下水渗流承压区。左岸重力墩内的观测断面主要监测 G_4 的渗漏情况。

纵、横断面内的观测钻孔间隔一般为 5～8 m,孔深入基岩下 1 m,钻孔孔径不小于75 mm,孔口安装压力表。

坝基、厂基、岩基扬压力纵、横剖面 14 条,观测孔为 250 点左右。需钻孔数约 80 点,总孔深 700 m。

(3)坝基主要断层渗压观测。

为了解坝基主要断层带 F_{120}、F_{57}、F_{73} 及 G_4 经工程处理特别是防渗处理后的效果,判断可能由于渗透问题引起事故隐患。在上述断层部位设置了 38 支电阻式渗压计,观测不同的高程部位的渗透水压力。河床 F_{57},最低渗压计的埋设高程是 2 385 m。另外,原深层处理结构所处的断层部位已埋设了 22 支电阻式渗压计,总计共 60 支。

经观测河床拱冠 9# 坝段坝踵处的渗压计,在库水位 2 575 m 时(水库水深 140 m),渗压计渗压为 −1.8 kg/cm²,相应渗压高程为 2 450 m。说明河床坝基与混凝土结合良好,坝基围岩固结灌浆效果显著,参见图 2-31。

(4)渗漏量观测。

龙羊峡水电站枢纽排水系统总体布置,在主坝设置了七层纵向排水廊道,两岸坝肩内设置三层排水廊道。为了区分各层不同部位的渗漏量,特别是 NE 张扭性构造带的渗漏情况,对各层排水廊道的流向进行了总体规划设计,在每个汇集口处均设置了量水堰,在渗流集中的集水井和总出口布置了渗流量测量点。量水堰采用直角三角形堰板,测点约 40 点,其中2 443 m 层 6 点,2 463 m 层 12 点,2 497 m 层 10 点,2 530 m 层及其以上约 12 点。

经巡视检查,当发现排水幕中通过主要渗漏通道断层的排水孔排水异常时,可随时进行单孔渗漏水量测试。如 1988 年 3 月 28 日发现右坝基第二道排水幕的 60# 排水孔孔口涌水,隧洞顶拱围岩 A_2 岩脉渗水加大,总量达 60 L/min。目前正在进行跨 A_2 帷幕段的加深、加强、化学灌浆等工程施工。

(5)水质分析。

龙羊峡水电站水质化学分析项目,一般按分析要求进行,但必须满足水质类型变化和侵蚀性评价的要求。分析中若发现其他异样物质或涉及环保等污染问题,需进行专门性的分析研究。选取水样做化学分析的密度,一般每年两次,分别在汛前和汛后进行。

水样取水点:坝前库水,通过各主要断裂带的部分排水孔及地下水观测孔,采用过化学灌浆处理部位的排水孔,一般完整结构岩体中的部分排水孔。总水样点数 20 点。

5)坝址区强震观测

强震观测仪器选用中国科学院地球物理研究所制造的 CSJ – 2 型数字磁带记录加速度仪。在布置上突出了山体的放大变化情况,左、右岸均由坝基—岸坡—山顶三点组成。坝体选取拱冠坝段分四个高程面布置,为了便于分析水平向振型在坝顶 6#、12# 坝段布置两向拾震器。除此,还在 F_7 断层带上布置了强震测点,与自由场对比,可看出断层对地面运动的影响。

龙羊峡水电站工程总投资 23.7 亿元。用于坝基原位观测项目的仪器设备购置费约为 220 万元,用于建立观测项目的施工费约为 400 万元。两项合计为 620 万元,占工程总投资的 0.26%,占工程安全监测(不含水库近坝库岸滑坡监测)总费用的 59%。

2.9.1.2　鲁布革心墙堆石坝的安全监测

1)工程概况

鲁布革水电站位于云贵两省交界的黄泥河上,属南盘江左岸支流的最后一个梯级,装机 60 万 kW。坝型为直窄心墙堆石坝。坝顶高程 1 138 m,坝顶宽 10 m,最大坝高 103.8 m。坝基岩为质地坚硬的白云岩和石灰岩。大坝心墙开挖清基到基岩面,上设 0.5 ~ 1 m 厚的混凝土垫层,混凝土垫层与基岩用锚筋锚固。心墙和坝基及左右岸的连接处铺设了 1 m 厚左右的接触黏土。心墙采用砂页岩风化料作防渗材料。心墙顶宽 5 m,底宽 37.9 m,心墙上游设一层反滤。反滤料为河滩料。下游设粗细两层反滤,主要采用人工砂,部分采用河滩料。堆石体大部分采用工程开挖料。用振动平碾碾压施工。

大坝及其坝基内设置和埋设了全面的观测仪器系统。从施工期开始对大坝的位移、变形、应力和渗流进行了完整连续的观测。大坝于 1987 年 1 月开始填筑施工至 1989 年 7 月填筑到顶。整个施工分三期进行,如表 2-12 所示。

表 2-12　鲁布革水电站大坝填筑日程

施工蓄水	开始	结束	高程(m)
一期填筑	1987-01-23	1987-05-01	填筑至 1 076
二期填筑	1987-11-10	1988-05-24	填筑至 1 116
一期蓄水	1988-11-21		蓄水至 1 110
三期填筑	1988-11-21	1989-07-22	填筑至 1 138
二期蓄水	1990-09-12	1991-04-01	至正常高水位 1 130

2）大坝监测仪器的布置

（1）外部观测。

建立首部枢纽监测网，包括由 8 个基点组成的Ⅱ等三角网和Ⅱ等水准网，设置 6 条视准线，坝面测量标点共 46 个，详见外观布置图 2-32。

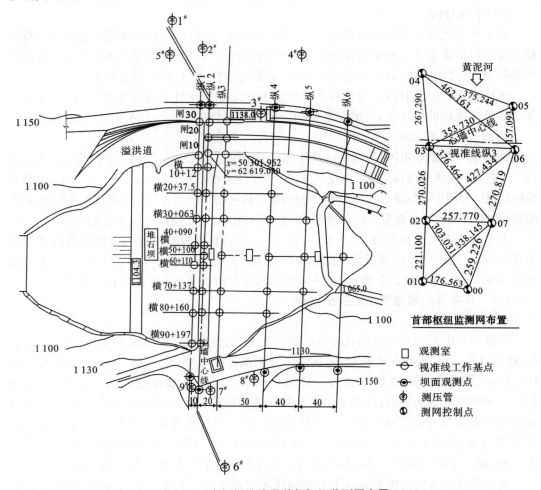

图 2-32　大坝视准线及首部枢纽监测网布置

（2）内部观测。

内部观测的布置详见图 2-33、图 2-34 和图 2-35。

①渗流监测。

a. 绕坝渗流观测孔

左岸布置 5 个孔，右岸 4 个孔。观测水库蓄水后左右岸绕坝渗流水位的变动。

b. 渗压计

布置在河床和左右岸坡的心墙与混凝土垫层间的 21 支渗压计，用以观测蓄水后沿接触面的渗水压力变化，监视可能产生的接触面渗流破坏。布置在心墙内的 9 支渗压计在施工填筑期观测心墙风化料的孔隙水压力,在蓄水和运行期观测心墙内的渗水压力。

②变形监测。

a. 测斜仪和电磁沉降仪

在心墙轴线上的 0 + 36.7 m 和 0 + 100 m 桩号布置两个测孔,测孔内埋设测斜仪的 PVC 导管,导管外每间隔 3 m 套一个电磁沉降测头。用测斜仪测量导管的水平位移,用电磁沉降仪测量沉降测头的垂直位移(沉降)。

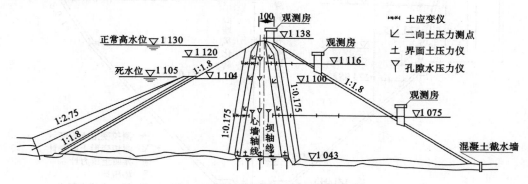

图 2-33　坝体最大断面观测仪器布置

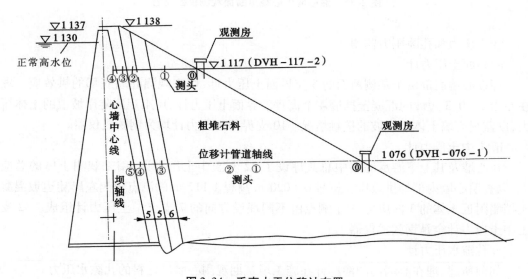

图 2-34　垂直水平位移计布置

b. TS 位移计

布置在心墙左右岸坝肩三个高程的 18 支 TS 位移计,用以观测心墙在坝肩部位的土体在坝轴线方向的拉伸、压缩范围和数量以及观测心墙土体沿岸坡的剪切变形量。在大坝河谷部位的 1 075.46 m 高程和 1 117.18 m 高程各埋设了两支成串联的 TS 位移计,用来观测心墙与上游堆石体之间的相对位移。

　　c.垂直水平位移计

　　在 0 + 100 m 桩号的 1 076 m 高程和 1 117 m 高程埋设了两套垂直水平位移计,分别为 5 个测头和 4 个测头,用来观测下游堆石体的沉降和水平位移。

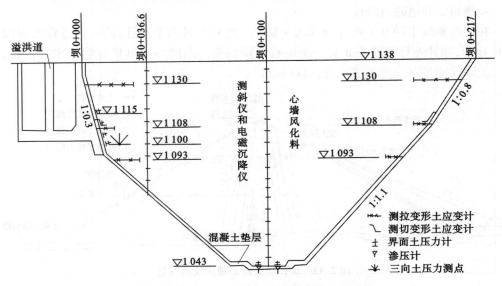

图 2-35　沿心墙中心线纵断面观测仪器布置

　　③土压力和孔隙压力监测。

　　a.界面土压力计

　　埋在心墙底部两个观测断面的 6 支界面土压力计,用来观测心墙底部的拱效应。埋在左岸 1∶0.3 边坡的混凝土挡墙 4 个高程的界面土压力计,用来观测陡岸坡上的土体压力,以监视心墙土体与岸坡的接触情况。10 支界面土压力计均为钢弦式仪器。

　　b.土中土压力计

　　在心墙及其上下游反滤层中总共埋设了 32 支土中土压力计,用来观测土体的总应力,以查明心墙内部的拱效应。桩号 0 + 020 m 高程 1 117 m 的测点观测左岸陡边坡混凝土挡墙附近土体的 3 向应力,1 个测点由不同埋设方向的 7 支土中土压力计组成。32 支土中土压力计全是钢弦式仪器。

　　c.孔隙水压力计

　　如前所述,埋在心墙内的渗压计在施工填筑期观测心墙风化料的孔隙水压力。

　　(3)观测数据处理与计算。

　　每次观测数据记录了各沉降盘的高程,理论上埋设高程减去观测时的高程就是观测时该处的沉降。但是,由于施工干扰等因素的影响,埋设高程不一定都可以用做计算沉降时的初始值。计算表明,如果全部采用埋设高程为初始值的话,个别盘下面土柱的压缩量和压缩率甚至几年内都是负值。或者从一开始就比相邻土柱的压缩量大 10 倍左右。对于这些盘的初始高程,是通过与之相邻的盘之间的土层厚度的变化及对该盘埋设后几个月内的沉降变化进行统计回归计算得到的。

①观测资料初步分析。

桩号 0 + 100 m 有代表性的若干高程的沉降实测过程线见图 2-36。图 2-36 中上部的曲线为填筑和库水位相对坝底部的高度过程线,供比较参考(下同)。图 2-36 中的三个测点分别属于第一、第二和第三期填筑。初期沉降都与时间近乎成线性关系。从图2-36上可以明显看出填筑施工对沉降速率的影响。

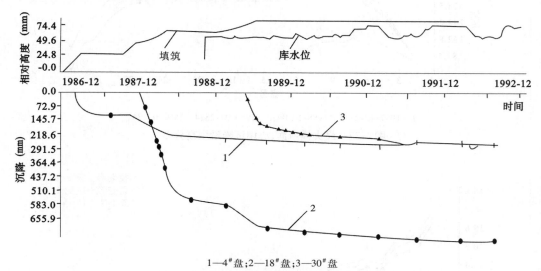

1—4#盘;2—18#盘;3—30#盘

图 2-36　最大横断面心墙内部沉降过程线

0 + 100 m 断面最大沉降发生在 18# 盘(1 093 m 高程),相当于 1/2 坝高的位置。至1992 年 7 月,该处沉降已达 764 mm。回归该处的最终沉降为 811 mm,故最大沉降仅占坝高的 0.8%。这说明心墙的压实度较高。

施工期沉降沿坝高的分布近乎抛物线,而运行期完成的沉降则是近乎线性分布的,上部坝顶大于底部(见图 2-37)。坝顶逐年变化仍然比较大。32# 盘在竣工后三年中分别沉降 69 mm、36 mm 和 18 mm。底部的 2# 盘的沉降量自 1990 年 7 月(竣工一年后)累计只变化了 2 mm。

沉降率(沉降盘的沉降量除以该盘下卧层的初始厚度)沿坝高基本上也是线性分布的,底部大于顶部(见图 2-38)。坝顶的沉降率是判断大坝填筑情况的重要指标,经考察,32# 盘(距坝顶 4 m)的沉降率,竣工一年后的沉降量为 134 mm,沉降率为 0.17%,大大低于通常的判断标准 0.5%。利用沉降率沿坝高基本上是直线分布的规律,回归 24# 到 32#盘的沉降率,推知坝面上沉降率小于 0.03%。据不完全统计,国内目前只有丹江口电站大坝与此值相同或相近,其他均高于此值,这说明大坝的填筑质量较高。

心墙内各沉降盘之间土柱的平均压应变沿坝高近似呈直线分布,下部大于上部,最大压应变为 0.43‰,发生在坝底部 1# 盘和 2# 盘之间。

库水位对 0 + 100 m 断面心墙内的沉降有一定影响,且不同高程的影响程度有所不同。在一期蓄水的同时正在进行心墙的三期填筑,库水位的影响被掩盖了;在二期蓄水时,由于各盘的沉降变化已经趋缓,库水位影响表现得比较显著。

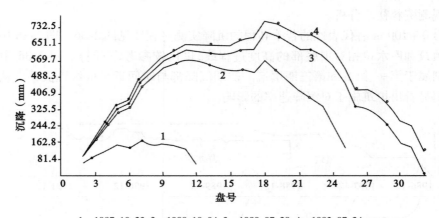

1—1987-10-23;2—1988-10-04;3—1989-07-28;4—1992-07-24

图 2-37　最大横断面,心墙沉降沿坝高分布

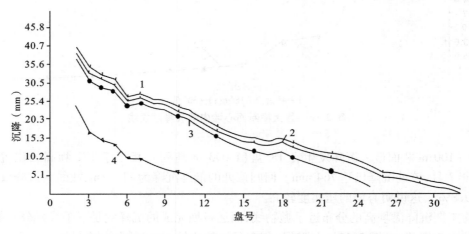

1—1992-07-24;2—1989-07-28;3—1988-10-04;4—1987-10-23

图 2-38　最大横断面,心墙沉降率沿坝高分布

库水位上升时影响较小。以 32# 盘为例,在二期蓄水前 4 个月内累计沉降 6 mm,此后的 4 个月内累计沉降 10 mm。考虑到沉降速率减小,知库水位上升引起的沉降量为 2 mm 稍多,这只能说是微小的影响。由于沉降数据变化稳定,可以排除是由观测偶然误差所致。16# 盘和 23# 盘在上述两时段内累计沉降量分别为 2 mm、3 mm 和 3 mm、6 mm,其他盘情况也相近。

库水位下降时沉降速率明显增大。1991 年 3 月到 7 月底 4 个月中,库水位下降,32# 盘和 16# 盘的累计沉降分别为 19 mm 和 9 mm,这是一个不容忽视的变化。7 月到 11 月,当库水位无明显变化时,沉降值又都基本不变了。

1991 年底到 1992 年初,大坝经历第二次高水位,库水位上升时沉降几乎没有变化。到 1992 年 7 月下降时,32# 盘的累计沉降又达 12 mm,已经比前一年减小了 36%;16# 盘此次为 6 mm,同样少了 33.3%。这种现象是正常的,按照一般规律,随着库水位的多次升降,每次产生的沉降量会不断减少,直到稳定。

②回归预测分析。

为估计心墙沉降的最终值,利用下列指数模型进行了回归预测。因为在没有施工加载的影响时,可以近似认为沉降只是时间的函数(忽略库水位的影响)。预测所采用的是竣工(1989 年 7 月)以后的数据。

库水位对固结沉降的影响很小,在逐步回归时,即使加入该因子也会被自动剔除,所以,下式中没有列出这一项因子。

$$S = B_0 + B_1(e^{-T\beta_1} + \alpha e^{-T\beta_2})$$

式中　　S——沉降值;

　　　　B_0、B_1——由回归计算决定的系数;

　　　　e——自然对数;

　　　　α、β_1、β_2——由试算决定的参数,其中 $\alpha = 0.15$, $\beta_1 = 0.2$, $\beta_2 = 10$;

　　　　T——自始测起算的时间,年。

对 0 + 100 m 各盘孔最终沉降的预测,结果列于表 2-13。

表 2-13　0 + 100 孔回归预测(1992 年 7 月)

盘号	高程(m)	相关系数 R	实测(mm)	计算(mm)	最终(mm)	固结度 u(%)
4	1 051.25	0.913	267	265.4	277.7	96.1
12	1 075.35	0.959	652	651.0	684.6	95.3
18	1 093.59	0.973	764	762.0	811.2	94.2
24	1 111.82	0.981	637	635.4	708.5	89.9
32	1 135.94	0.987	156	156.5	269.9	57.8

由固结度可见,除顶部的几个盘尚有较大沉降待完成外,其余各盘的沉降已基本稳定。

综上所述,大坝心墙的沉降符合一般规律,无异常现象。心墙中下部的沉降已经稳定。各高程的沉降量都不大,低于有限元计算值。实测数据说明,大坝填筑压实质量较好。

③孔隙水压力。

大坝内部共埋设了 31 只钢弦式孔隙水压力计。此处仅就埋设于坝中段、心墙坝底部孔隙水压力计的观测资料分析为例加以说明。

这组孔隙水压力计是沿上下游方向在反滤和心墙内埋设的。高程为 1 043 m,桩号 0 + 106 m,距心墙中线的距离见表 2-14,表中以心墙轴线为零点,向下游为正,向上游为负,单位为 m。

表 2-14　最大横断面,底部空隙水压力计位置

测点号	EP - 4	EP - 9	EP - 10	EP - 11	EP - 5
距心墙轴线(m)	-23.37	-16.97	0.01	16.90	24.10

这几个孔隙水压力计的实测压力过程线绘于图 2-39。从图 2-39 中可以看出,一期蓄水以前,孔隙水压力主要受大坝填筑控制,随坝体升高孔隙水压力也升高。两次填筑施工之间孔隙水压力的下降为固结过程中的孔隙水压力消散。

　　靠近上游测点的孔隙水压力的变化受库水位的影响明显大于远离上游反滤的测点，由于一期围堰和二期围堰的防渗斜墙的挡水作用，当库水位低于死水位时，库水位的变化对心墙孔隙水压力的影响很小；当库水位高于死水位时，压力主要与库水位和填筑施工有关。三期填筑时库水位与坝体同时上升，压力的变化为两者共同作用的结果。运行期，压力完全由库水位控制，表现为渗透压。

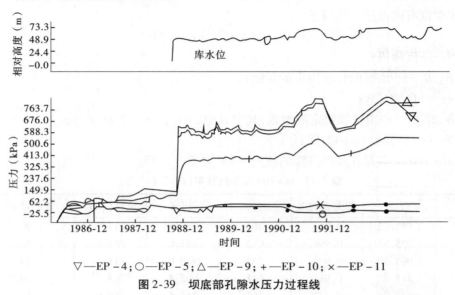

▽—EP – 4；○—EP – 5；△—EP – 9；+—EP – 10；×—EP – 11

图 2-39　坝底部孔隙水压力过程线

　　孔隙水压力在不同时期沿横向的分布见图 2-40。分布情况表明，当库水位低于死水位时，心墙中部的孔隙水压力最大，向上下游两侧压力逐渐减小；当库水位高于死水位时，上游一侧的孔隙水压力随库水位的升高而升高的幅度大于心墙内部，远大于下游一侧。观测资料表明，库水位和孔隙水压力之间的关系在库水位周期性变化时并非对应，即后者的变化滞后于库水位的变化。

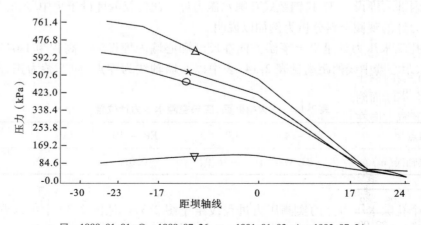

▽—1988-01-01；○—1989-07-26；×—1991-01-03；△—1992-07-24

图 2-40　坝底部孔隙水压力横向分布线

这种滞后有如下特点:一是库水位开始上升时,这几个测点的孔隙水压力滞后几天才开始变化,库水位达到峰值前大致保持这一滞后关系。二是库水位开始变化时,无论是上升还是下降,孔隙水压力的变化速率都明显低于库水位的变化速率。三是库水位上升和下降两个阶段,以上两个方面的滞后关系表现不同,下降时的表现更明显。这里分别对各测点孔隙水压力与库水位的关系进行了线性回归分析。

$$P = kH + b$$

式中　　P——回归计算得到的压力水头,m;

　　　　H——库水位相对测点的高度,m;

　　　　k、b——回归参数。

由于施工期及完工后的一段时间内,孔隙水压力与大坝填筑高度有较密切的关系,为减少这种影响,回归时只取填筑竣工以后的数据。计算结果见表 2-15。EP – 11 和 EP – 5 相关系数低于 0.4,认为与库水位不相关,故表 2-15 中未列出。

表 2-15　孔隙水压力回归计算结果

测点号	k	b	相关系数
EP – 4	0.954	– 5.308	0.996
EP – 9	1.100	– 12.049	0.968
EP – 10	0.559	6.846	0.997

在最大横断面附近心墙中,用 EP 测值算出的水力坡降为 2.95,发生在库水位 1 130 m 高程时心墙的底部,此值远小于风化料的允许坡降。所以,从大坝渗流上看,大坝是安全的。

在低水位(库水位为 1 110 m)时,达到心墙下游一侧(EP – 11)水头已被消 85% 左右。在高水位(库水位 1 130 m)时,达到心墙下游侧水头被消的百分比大于低水位时的百分比,为 89% 左右。下游反滤层中的 EP – 5 测点,两者分别为 95% 和 91%。事实上,下游侧和下游反滤层中的孔隙水压力在库水位升高时,基本保持不变。即库水位升高所增水头在达到此测点之前就已损失殆尽了。这从另一个侧面说明大坝心墙防渗效果是好的。

④土压力。

a. 观测仪器

大坝内部以及大坝与两岸混凝土垫层的连接处埋设了钢弦式土压计 42 支,用于观测反滤层和心墙内的土压力,以及大坝与两岸混凝土垫层接触处的土压力。此处仅就埋设于坝体最大横断面附近、心墙底部接触式土压计的观测资料分析为例加以说明。这组土压计沿上下游方向在反滤和心墙内埋设,高程为 1 043 m,桩号 0 +96 m 距心墙轴线的距离见表 2-16。以心墙轴线为零点,向下游为正,单位为 m。其中 PS – 2 和 PS – 4 两个测点分别在上下游反滤层中。

表 2-16　1 043 m 高程 0 +96 m 桩号各测点距心墙轴线的距离

测点	PS – 2	PS – 1	PS – 3	PS – 6	PS – 5	PS – 4
距离(m)	– 22.00	– 12.99	– 0.01	– 0.02	12.01	22.04

b. 大坝最大横断面土压力观测成果分析

大坝 1 043 m 高程有效土压力过程线见图 2-41,由观测资料可知如下规律:垂直土压力的大小主要取决于上部压力,随大坝坝面的升高而升高;孔隙水压力在土压力中所占比例不大;心墙底部两者之比的最大值出现在正常高水位时心墙上游侧的 PS - 1 测点,空间上的分布规律是 PS - 1 最大,向下游逐渐减小;时间上的分布规律是在一期和二期施工期较小,两者比值一般为 0.1 ~ 0.3,三期施工期后增大,高水位时大于低水位时。

运行期土压力的变化主要受库水位控制。此变化是由孔隙水压力的变化引起,库水位升高和下降时,土压力随之升高和下降。沿上下游方向,受库水位的影响程度不同,上游反滤层、心墙到下游反滤层影响逐渐减弱,与孔隙水压力的规律一致。

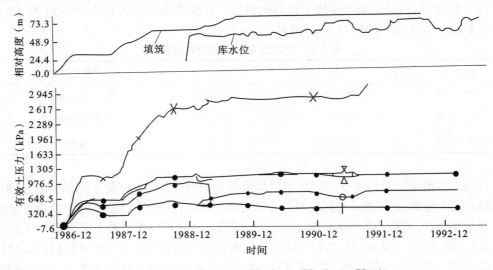

▽—PS - 1;○—PS - 3;△—PS - 6;+—PS - 5;×—PS - 4

图 2-41　坝底部有效土压力过程线

由图 2-41 可以看出,有效应力随时间的变化有如下规律:一方面,随荷载的增加,土压力也增加,同时土体内孔隙水耗散,这两种因素导致有效土压力的增加。另一方面,随水位的升高,由于渗透水压力的顶托作用,有效土压力下降。实际看到的过程线是这两方面作用的结果。一期蓄水前,库水位在 1 105 m 高程以下,一期和二期围堰的防渗斜墙存在,使得前一因素影响较大,在停工时,表现为有效应力的上升。而一期蓄水时库水位升高到 1 110 m 高程左右,渗透压力迅速升高,除心墙下游侧和下游反滤层外,后一因素的作用大于前一因素,所以 PS - 1、PS - 2 和 PS - 3 的有效应力由上而下不同地程度下降。

从沿横向的有效应力分布图 2-42 可见,反滤中的土压力大于心墙内的土压力,这一点符合一般规律,可以解释为反滤的容重大于风化料的容重所致。但下游反滤层中的土压力及有效应力测值偏大。由此分布图可以明显看出拱效应。

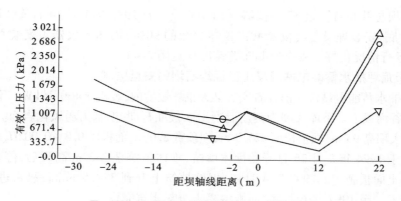

▽—1987-10-26；○—1988-10-18；△—1989-07-26
图 2-42　坝底部有效土压力横向分布线

心墙底部 1 043 m 高程的水力劈裂指标最小为 2.1，发生在上游侧的 PS－2 测点。PS－5测点的水力劈裂指标大于 6.0。这个指标也反应出，大坝在这方面是安全的。

值得注意的是，心墙下游侧的 PS－5 的测值，一期填筑以后，很快下降。以后的两次填筑后也有较少的下降趋势。这表明各次填筑对此高程的拱效应的影响不同。

2.9.1.3　二滩水电站混凝土双曲拱坝的安全监测

二滩水电站位于四川省攀枝花市雅砻江上，距雅砻江流入金沙江的入河口 33 km，距市区 46 km。坝址区多年平均径流量为 590 亿 m^3，与黄河相当。电站挡水建筑物为溢流式混凝土双曲拱坝，坝高 240 m，坝顶长 775 m，最大底宽 56 m，共分 39 个坝段，每坝段宽约 20 m，不设纵缝，薄层通仓浇筑。坝体泄洪系统由 7 个表孔、6 个中孔、4 个底孔组成。

坝区基岩主要为玄武岩、正长岩，此外，还有少量的辉长岩及变质玄武岩。坝基内无贯穿性的构造断裂带，坝区主要软弱带为绿泥石—阳起石玄武岩及右岸 $34^\#$～$35^\#$ 坝段的 F_{20} 断层。

坝基开挖后采取了锚杆、锚索和喷混凝土的处理措施，并进行了帷幕灌浆和固结灌浆；软弱面及断层开挖后用混凝土置换。

二滩拱坝安全监测是为施工期提供依据及在电站运行期间监测水库和拱坝的工作状态，为电站安全运行服务。

二滩拱坝安全监测项目齐全，监测的重点是变形和基础的渗流状况。对坝基地质条件复杂的地区，重复设置了仪器，以获得重要而全面的资料，而且采取一仪多用，扩大了监测范围，又做到了监测仪器少而精。

拱坝监测仪器的采购、率定、安装埋设及初始读数均由 I 标承包商负责，并观测 7 d，仪器运行正常后移交工程师和运行单位继续测读。

二滩拱坝所采用的监测仪器绝大部分为进口的比较先进的振弦式仪器，仪器内部结构牢靠，体积轻巧，精度及灵敏度高，施工方便，长期稳定性好，且读数不受电缆长度的影响。

　　二滩拱坝总共布置了近30种仪器,约1 100支。自1995年1月14日安装以来,截至1998年1月底,安装埋设各类仪器共占仪器总数的90%,损坏的仪器占安装总数的3%左右,仪器运行情况良好。安全监测布置情况详见图2-43。

2.9.1.4　天荒坪抽水蓄能电站混凝土面板堆石坝的安全监测

　　天荒坪抽水蓄能电站位于浙江省安吉县天荒坪镇境内,装机6×30万kW。下库坝位于大溪中游峡谷河段上。下库大坝为钢筋混凝土面板堆石坝,坝基为弱风化岩面。坝顶高程350.2 m,最大坝高95 m,坝顶长度225.2 m,坝顶宽8.0 m,面板厚0.3 + 0.002H(m)。

　　下库坝于1994年3月25日开始坝体填筑,坝体填筑至343 m高程后,停止填筑,进行一期混凝土面板施工。1997年4月初,坝体填筑上升到348.5 m高程后,进行二期混凝土面板施工。至1997年6月底,面板混凝土全部浇筑完毕。

　　该混凝土面板堆石坝在坝基、坝体和面板中安装埋设了较多的内部观测仪器。其中,在坝体内埋设水管式沉降仪6套(24测点),引张线式水平位移计4套(14测点);在混凝土面板内埋设测斜管两条(一条管长176 m,另一条管长141 m);差动电阻式测缝计、钢筋计、混凝土应变计、无应力计、渗压计共102支;坝基埋设差动电阻式渗压计4支;另外布置了10个绕坝渗流孔,1个量水堰。这些原型观测仪器全部由专业人员安装埋设,埋设质量很好,经过1998年2月水库第一次蓄水考验,仪器完好率在95%以上。内部观测仪器埋设布置详见图2-44、图2-45。

　　埋设的内部观测仪器在大坝施工期和第一次蓄水初期获得了丰富的观测资料。各支渗压计测得的渗透水压力极其微小,最大渗水压力仅为0.06 MPa,说明面板混凝土的质量良好,且止水效果和灌浆效果也是非常好的。由于量水堰和绕坝渗流观测孔正在施工,尚无监测成果。水管式沉降仪测得大坝填筑期以及第一次蓄水初期堆石体的最大沉降量为1 059.3 mm,发生在大坝0 + 83 m桩号293 m高程的测点,0 + 83 m桩号309 m高程和327.5 m高程的最大沉降量分别为720 mm和700 mm。而0 + 143 m桩号相同高程测点的沉降量均小于0 + 83 m桩号各相同高程测点的沉降量,且有规律性。坝体沉降主要发生在施工期,初期蓄水达到335 m高程时,坝体沉降量与蓄水前基本一样。埋设在面板与趾板间的三向测缝计,初期蓄水后,测得面板与趾板之间张开度最大为5.52 mm,面板沿趾板错动最大为4.49 mm,多数仪器测值都比较小,且缝隙值增大与蓄水水位升高有明显关系。单向测缝计量测面板之间的缝隙变化量较小,一般为 - 2 ~ 2 mm。埋设在面板内的应变计和钢筋计,在初期蓄水后,实测到的混凝土应变值一般为拉应变,最大拉应变189 $\mu\varepsilon$,实测钢筋应力均为压应力,最大48.9 MPa;测斜管的观测工作由于坝顶施工影响,未能正常进行,尚无完整的观测资料。

　　从施工期和第一次蓄水初期获得的观测资料初步判断,该大坝坝体填筑质量是好的,混凝土面板浇筑质量也是好的,大坝整体质量优良。

　　另外,在大坝上还布置有外部观测系统。在坝顶和下游边坡上,布置有视准线5条,共计有17个观测点。在下游坝坡的6个观测房上,设置有水平、垂直位移观测点,为埋设的水管式沉降仪和引张线式水平位移计实测成果提供了计算依据。

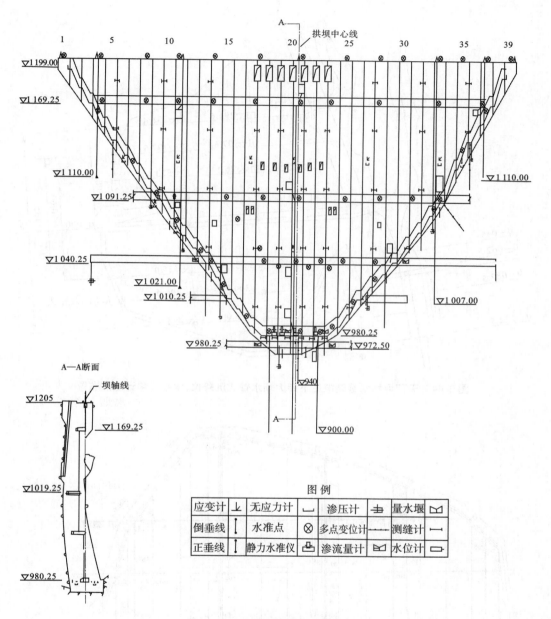

图 2-43 二滩拱坝安全监测布置

注:拱坝观测仪器数量

温度计	45	单管水准仪测点	25	伸缩仪	8	无应力计	39	量水堰	8
弦矢导线	57	遥测坐标仪	20	测缝计	138	渗压计	22	多点位移计	6
观测站	11	水质分析仪	16	正垂线	10	测量与控制单元	12	倾斜仪测点	18
引张线	1	应变计	204	观测墩	9	钢筋计	80	地震仪	6
测力器	16	热电偶	226	遥测压力计	12	水位计	5	渗流量计	6
静力水准仪	8	高程传递装置	3	水准点	64	倒垂线	8		

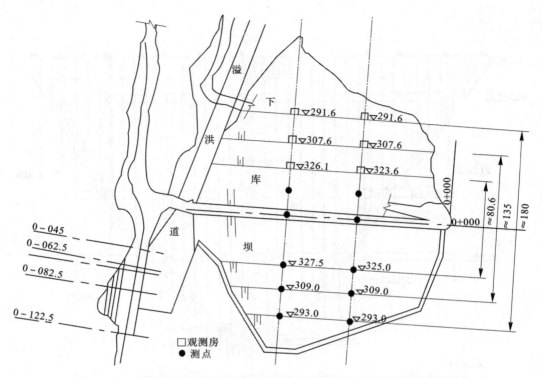

图 2-44　天荒坪抽水蓄能电站下库大坝水管式沉降仪、水平位移计测点布置

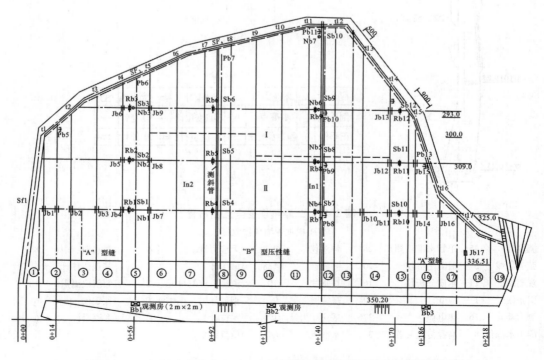

图 2-45　天荒坪抽水蓄能电站下库坝钢筋混凝土面板原型观测仪器布置

2.9.2　边(滑)坡工程安全监测实例

高边坡失稳是全球性灾害之一,我国也不例外。据近期统计,我国水利水电工程就有 117 个典型滑坡,本节提供了其中比较典型的一些实例供参考。改革开放 20 年来,随着经济建设的大规模展开和高速发展以及技术进步,我国对高边坡的研究、设计、施工、监测、计算、分析积累了不少成功经验,在不少方面处于国际领先水平。本节选取清江隔河岩电站引水洞出口及厂房高边坡的安全监测为例作一简介,同时选用了一些国内外边(滑)坡工程的规模、地质、构造、监测情况,其中国内工程 18 项,国外工程 12 项。

2.9.2.1　地质概况

引水隧洞出口和电站厂房高边坡是隔河岩电站的监测重点之一。边坡由正面出口边坡和侧面电站厂房边坡组成为弧形,自西向东边坡走向由 N30°E 转为 N70°E,倾向 NW。边坡范围长约 350 m,最大施工坡高达 220 m。岩层走向 70°～80° 倾向 SE,倾角 25°～30°。虽为逆向坡,但岩体上硬(灰岩)下软(页岩),有 10 余条断层、夹层,4 组裂隙,2 个危岩体及岩溶塌陷体等地质缺陷,局部地区岩体较破碎。为确保边坡施工期及电站运行期的安全,必须预防和避免边坡可能导致的整体性或局部关键块体的失稳破坏;过大的沉陷(岩体下座)或不均匀沉陷可能导致某些台阶边坡的倾覆;$201^{\#}$夹层局部应力集中,岩体破碎,局部被压坏或剪坏。为此,需要进行边坡位移监测。因为岩石边坡中的不利断裂构造的存在是引起边坡失稳的诱发因素,所以监测重点放在边坡中存在的主要断裂的位移和地下水的变化情况上。高边坡安全监测仪器埋设布置见图 2-46。

2.9.2.2　监测布置

监测目的:弄清边坡的变形或破坏特性,预报其安全稳定性;检验和校核工程设计,并为边坡的加固措施提供依据。因此,监测布置上的总体考虑是:既要以整体稳定性的监测为主,也兼顾局部断裂等岩体缺陷的监测;既重点进行深部位移监测,也进行表面位移监测;既主要进行位移监测,也适当进行渗压监测。

深部位移监测按若干个观测断面布置,利用排水廊道进行表面位移收敛监测,在主要断层裂隙处进行开合度监测。

1)监测断面的布置

权衡边坡范围长且高和监测经费有限,由设计、地质和科研三方共同拟定 5 个监测断面。

Ⅰ—Ⅰ断面:靠近高边坡侧向边坡下游末端,正处 $4^{\#}$危岩体上,上有岩溶塌陷体,下有 $301^{\#}$夹层、F_{15}、F_{16}断层,且岸剪裂隙发育,岩体完整性差。因 $4^{\#}$危岩体并不全部挖除,该断面边坡较高,故设此监测断面。

Ⅱ—Ⅱ断面:断面顶部系岩溶塌陷体,中部有 $201^{\#}$夹层和 F_{10}断层等,该部位的 $201^{\#}$夹层下部为软弱页岩,施工期间坡高最大,它和 Ⅰ—Ⅰ 断面都位于侧面边坡。Ⅱ—Ⅱ断面为有限元计算的典型断面,根据计算结果,整体稳定性不及正面边坡。

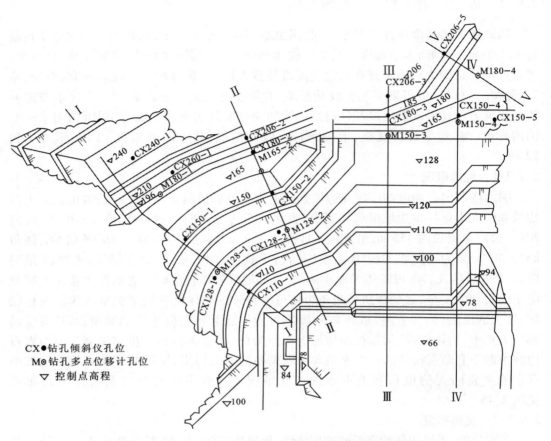

图 2-46　电站 J 房及引水洞出口高边坡安全监测仪器埋设

　　Ⅲ—Ⅲ断面:位于正面边坡 1#、2#引水隧洞之间,岩体被断层 F_{18}、f_1、f_2、f_{2-1} 和 f_{15} 切割,较破碎,且穿过此间的 201# 夹层将予以开挖并回填混凝土,置换过程中岩体的稳定性和置换后的效果都需监测。此外,正面边坡有限元计算、地质力学模型试验也取自该断面,通过监测可以互相比较。

　　Ⅳ—Ⅳ断面:位于 3#、4#引水隧洞轴线之间,天然边坡两面临空,NE70° 和 NE30° 的两组发育的岸剪裂隙在此交会;加上处于断层 F_{18} 的上盘,岩石比较破碎;页岩区覆盖厚,风化较严重。此外,隧洞上部覆盖薄,引水洞开挖及爆破振动对边坡的稳定也不利。

　　Ⅴ—Ⅴ断面:位于两侧临空的 5#危岩体上,岸剪裂隙发育;4#机组到大坝护坦一带山坡岩体下座明显(裂隙宽达数米),在植被被破坏、开挖和爆破振动的影响下,应加强监测。

　　2)监测仪器的选型

　　仪器选型上的基本考虑是:以利用钻孔进行岩体深部位移和渗压监测为主,表面位移监测为辅;选择钻孔倾斜仪和多点位移计进行岩体深部位移监测;在边坡台阶表面和排水廊道断裂处分别布置测缝计和收敛计测线;渗压计设置在深部变形测量孔的底部,以节约钻孔和经费。

深部位移监测包括铅垂方向和水平方向。利用钻孔多点位移计测铅直方向位移,利用钻孔倾斜仪测水平位移。

要求仪器能适合现场条件,长期稳定性好,并满足工程的精度和量程。实践证明,所选用的仪器大多数都能满足要求。

3)监测仪器的布置

仪器布置的基本考虑是:以控制边坡整体稳定性为主,兼顾局部稳定性监测。整体稳定性采用钻孔变形和钻孔渗压测量监测,测量变形的钻孔沿监测断面的深度方向不间断,即上一个台阶布置的监测孔要穿过下一个布孔台阶的高程。渗压计只安装在某些测斜仪或多点位移计孔孔底,不另占用钻孔。局部稳定性采用测缝计和收敛计进行监测。

监测力求控制每个监测断面上存在的断裂构造的位移情况和变化趋势。因此,当观测断面上存在断裂构造时,要求监测钻孔穿过断裂构造。

页岩以上以水平挠度监测为主,沉陷监测主要放在页岩部分,并分别采用钻孔测斜仪和多点位移计。要求布置的多点位移计从灰岩穿过 $201^{\#}$ 夹层直到页岩岩体中。

监测仪器的布置情况见图 2-47。

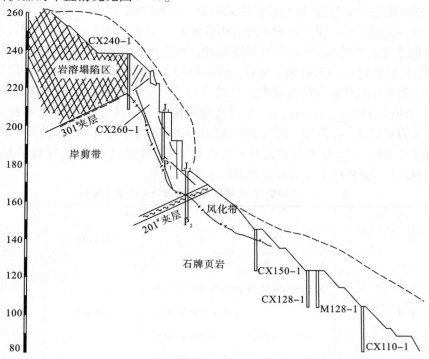

CX—钻孔倾斜仪;M—多点位移计;J—测缝计;P—渗压计; - - - —原地面线;
—×× —风化带分界线

图 2-47　Ⅰ—Ⅰ断面仪器布置示意

4) 监测仪器数量统计

根据设计要求,监测仪器埋设情况见表 2-17,表中所列除少量根据现场钻孔情况和开挖中的实际需要征得设计方同意作出调整外,其他均按设计要求布置埋设。

表 2-17　隔河岩边坡仪器埋设统计

序号	仪器名称	单位	数量	测孔(点)代号	位置
1	钻孔测斜仪	孔	18	CX	坡体
2	多点位移计	套	7	M	坡体
3	测缝计	只	5	J	坡面
4	渗压计	只	6	P	孔底
5	收敛计	断面	13	WJ	排水廊道内

2.9.2.3　成果分析

由于篇幅所限,对于所列举的各项成果不一一分析。钻孔倾斜仪是监测岩(土)边坡深部水平位移的主要手段,它在及时发现滑动面的出现、确定滑动面的位置和监视滑动面的发展及稳定性等方面是行之有效的。这里主要分析 1993 年 4 月下闸蓄水前钻孔倾斜仪器所监测到的水平位移成果。

本工程采用铝合金导管,取埋设灌浆后第 28 天的观测值作为初始值。观测频率由开始一周左右一次到半月一次。每次观测时由孔底起自下而上 0.5 m 测读一次,分别观测正交 A、B 两个方向的位移,然后进行计算整理。整理的位移有单向位移和合成位移、相对位移和累计位移之分的矢量和。相对位移是指相邻两测点的位移差;累计位移是指自孔底由下而上累计到计算点的位移和。1993 年 4 月,大坝下闸蓄水前已埋设 14 个钻孔倾斜仪孔,总进尺 371 m。不同高程、不同监测断面最大累计合成位移值见表 2-18。14 个钻孔的实施先后不一,位移—深度曲线和地表处的位移—时间过程曲线示例分别见图 2-48 和图 2-49。14 个钻孔倾斜仪孔均按设计要求、技术规范实施,埋设质量优良,完好率达到 100%。分析以上成果可以得出以下几点认识:

表 2-18　不同高程、不同断面最大累计合成水平位移

高程(m)	剖面号			
	I—I	II—II	III—III	IV—IV
240	5.8 mm 向坡外			
206	5.1 mm 向坡外	6.6 mm 向坡外	2.5 mm	1.1 mm
180		5.1 mm 向坡外	3.4 mm	
150	5.4 mm 向山里	8.2 mm 向山里		7.9 mm
128	12.9 mm 向山里	8.3 mm 向山里		
110	14.4 mm 向山里			

注:此表数据统计到 1992 年 12 月的资料。

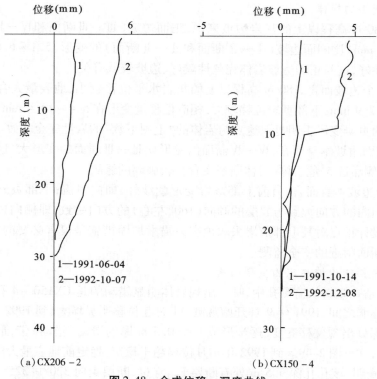

（a）CX206 - 2　　　　　　　（b）CX150 - 4

图 2-48　合成位移—深度曲线

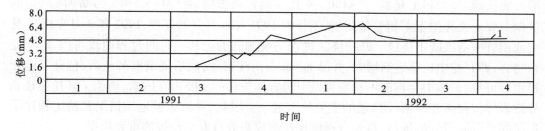

CX – 150 – 4（1 – 深 0.5 m）

图 2-49　位移与时间过程曲线

1）边坡处于相对稳定状况

　　引水隧洞出口和厂房高边坡于 1991 年 1 月基本完成开挖,同年 7 月,开始埋设钻孔倾斜仪之前,边坡的喷混凝土和锚杆支护、排水洞和排水孔均已基本完成,尽管如此,边坡仍有随时间变化的位移蠕变,但总体上位移不大,地表处最大累计合成位移（水平挠度）变化于 2.4 ~ 14.4 mm。除 CX150 - 4 孔外,没有发现影响整体稳定性的滑动或错动。目前边坡中渗压值很小,最大值为 0.15 MPa。因此,边坡目前处于相对变形稳定状态。岩层倾向 NW（倾向山内）,对边坡的稳定十分有利。

2）边坡变形的规律

（1）就 180 m 高程以上的灰岩边坡来说，正面边坡（Ⅲ—Ⅲ断面和Ⅳ—Ⅳ断面）的变形（2.5～4.1 mm）比侧面边坡（Ⅰ—Ⅰ断面和Ⅱ—Ⅱ断面）的变形（5.1～6.6 mm）要小，且变形稳定性好，这与正面边坡岩体完整性较好、边坡较低有关。

（2）就整个边坡而言，180 m 高程以上的灰岩水平位移较小，地表最大合成累计位移变形在 2.5～7.9 mm；下部页岩位移较大，相应位移量变形在 5.4～14.4 mm，以 128 m 高程及其以下的页岩变形更明显。这点与岩体的"上硬下软"的岩性完全一致。

（3）就正面边坡本身而言，Ⅳ—Ⅳ断面的变形比Ⅲ—Ⅲ断面的变形大，这是由于前者两面临空，一侧靠近 5# 危岩体，岩体断裂发育且较破碎的缘故。

（4）就侧边坡本身而言，目前上部灰岩变形朝坡外，即向河流；下部页岩变形朝向山内。页岩朝山内的方向大致与岩层的倾向（160°左右）的方向一致，即侧向边坡有一种旋转的趋势。设计重点对其上部灰岩采取预应力锚索加固措施是很有必要的，加强对位移大的Ⅳ—Ⅳ断面附近的安全监测。

3）开挖是影响边坡稳定的主要因素

在 14 个钻孔倾斜仪监测孔中，唯一出现岩体明显错动的是 CX150-4 孔。该孔位于 3# 和 4# 引水隧洞之间，1991 年 9 月开始观测，11 月起位移明显增大，到 1992 年 1 月，地表以下 9.5 m 深处出现位移突变，逐步形成一个 0.5 m 厚的滑动（错动）带，最大错动位移 3.1 mm 左右，详见图 2-49。到 1992 年 4 月位移趋于稳定，稳定前地表最大顺坡向位移约 4.8 mm。经查明，该孔孔深 9.5 m 处有断层 F_{217} 穿过，断层走向 320°～325°，倾 SW，倾角 65°～75°，断层厚 30～60 cm，由紫红色方解石及方解石胶结的角砾岩组成。沿层面断续溶蚀成狭缝，多为黏土充填。CX150-4 孔实测错动方向为 300°～330°，与断面层 F_{217} 的走向一致。该孔位于 4# 钢管槽附近，钢管槽 1991 年 6 月开始开挖，1992 年 3 月完成，4 月完成钢管槽的混凝土浇筑。开挖浇筑过程与观测到的位移—时间过程曲线与图 2-49 完全吻合，即开挖中位移逐渐增大，并沿 F_{217} 断层出现错动，回填浇筑混凝土后，位移又趋于稳定。可见，岩体中存在的不利断裂是引起岩体位移的主要内在因素，而施工开挖往往是导致岩体位移突变或错（滑）动的主要外因之一。因此，弄清边坡地质情况和施工程序不仅是安全监测设计的依据，也是合理解释监测成果进行安全预报的重要依据。

4）钻孔测斜仪的优越性

在高边坡的变形监测中，有深部变形监测的钻孔测斜仪、多点位移计，有用于表面变形监测的测缝计和收敛计。实践证明，钻孔倾斜仪不仅能及时发现岩体滑（错）动的发生、发展和确定其位置，而且量测稳定，连续取得的资料成果也丰富，证明这种仪器在岩体边（滑）坡的安全监测中具有其他仪器不可代替的优越性，这是它目前被国内外广泛采用的原因。

2.9.3　地下工程安全监测实例

下面以二滩水电站地下建筑物安全监测为例作简单介绍。

2.9.3.1　地下厂房监测系统

二滩水电站地下厂房洞室群布置于左岸，垂直埋深 200～300 m，水平埋深 300 m。地下主厂房、主变室和尾水调压室平行布置,主厂房与主变室相距 35 m,主变室与尾水调压室相距 30 m。其尺寸(长×宽×高):主厂房为 280.29 m×25.5 m×65.0 m,主变室为 199.0 m×17.4 m×24.9 m。尾水调压室 1# 为 92.9 m×19.5 m×65.3 m,2# 为 92.9 m×19.5 m×65.3 m。围岩以正长岩为主,新鲜、完整,局部有绿泥石化玄武岩,主要为 1 组节理,闭合紧密。洞室开挖初期多次发生岩爆,监测仪器主要为多点位移计和锚杆应力计,所有监测仪器将通过集线箱引入监测室进行永久观测。

2.9.3.2 应力和变形监测

为监测围岩 30 m 以内的岩石变形和应力分布情况,多点位移计和锚杆应力计一般成对布置,间距 1 m,共安装注浆杆式多点位移计 83 套,锚杆应力计 82 组,防水型多点位移计 12 套,差动电阻式渗压计 12 支,1 000 kN 级锚索测力计 8 支,详见表 2-19 和图 2-50 ~ 图 2-52。

表 2-19 监测仪器安装统计

部位	断面	多点位移计(套)	锚杆应力计(组)	锚索测力计(支)	渗压计(支)
主厂房	A—A	3			
	B—B	9	9		
	C—C	9	9	1	
	D—D	9	9		
	E—E	9	9		1
	K—K	7	7		
主变室	B—B	5	5	1	
	C—C	7	7	1	
	D—D	4	4	1	
	E—E	4	4		
尾水调压室	C—C	7	7		3
	D—D	6	6		
	E—E	6	6		
交通洞	A1—A1	3			
尾水管				4	8
总计		88	82	8	12

2.9.3.3 围岩压力监测

为掌握地应力分布情况,1996 年初在厂房上游拱角(桩号 0 + 104 m、0 + 105 m、0 + 106 m,孔深分别为 5 m、10 m、22 m)、1 033 m 高程和调压室下游边墙底部(桩号 0 + 154 m、0 + 156 m,孔深分别为 5 m、20 m)、991 m 高程共安装了 5 组应变计组,仪器采用 2 单元四分向环式钻孔应变计,即应变计内含 8 个钢环,各钢环互成 45°,共有两组 0°、45°、90°、135°四个方向的钢环。测读仪器为国产静态数字式应变仪。观测时间为:

安装后 3 天、7 天、15 天、30 天间隔进行,以后按每月 1 次进行,在特殊情况下可加大观测密度。

2.9.3.4　2#机蜗壳应力、应弯观测

为获得机组在运行过程中钢蜗壳和外围混凝土受力与变形情况,1997 年 11 月在 2#机蜗壳安装了监测仪器,在 2#机蜗壳冲水打压的各种工况进行测试,机组运行的头 3 个月将进行观测。分 3 个断面进行观测,项目有蜗壳的钢板应力、外围混凝土及其钢筋的应力、蜗壳钢板与外围混凝土的缝隙及其蜗壳的内水压力。安装的仪器全部为美国新科公司的产品,其中钢板应变计 18 支、钢筋应变计 8 支、埋设式应变计 31 支、测缝计 4 支、水压计 1 支。测读仪器采用 2 台数据采集仪。

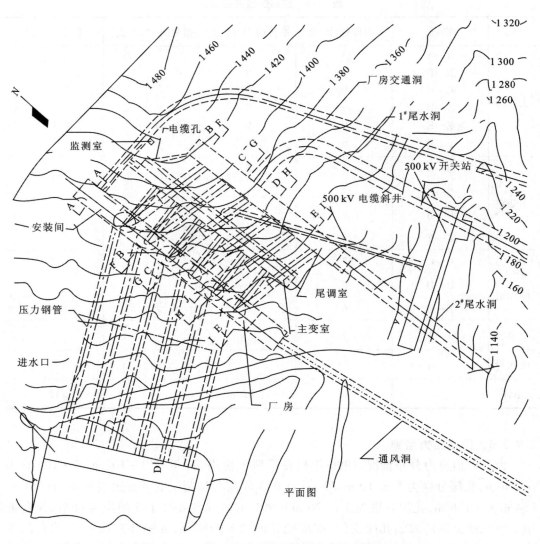

图 2-50　二滩水电站地下厂房安全监测断面布置

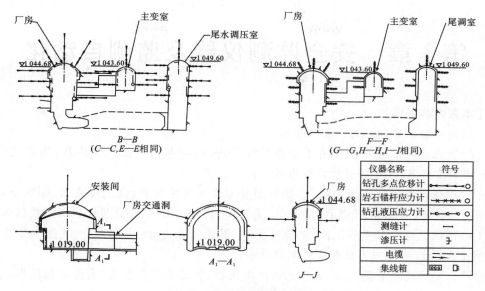

图 2-51 部分监测断面仪器布置

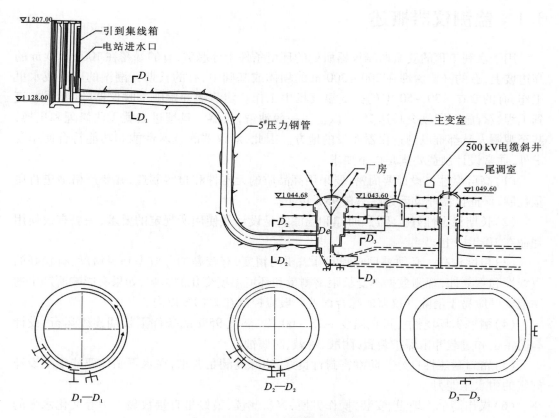

图 2-52 部分监测断面仪器布置

第 3 章　安全监测仪器及监测自动化

【本章内容提要】

（1）简要介绍监测仪器的基本要求；

（2）重点介绍常用传感器的类型和工作原理，包括差动电阻式传感器、钢弦式传感器、电感式传感器、电阻应变片式传感器等；

（3）详细介绍变形监测仪器，包括变形监测控制网用仪器、激光准直仪、GPS 全球定位系统、位移计、测缝针、收敛计、测斜仪、沉降仪、静力水准仪、垂直坐标仪和张线仪等；

（4）详细介绍内部观测仪器，包括应变计、混凝土应力计、土压力计、孔隙水压力计、钢筋计、温度计、岩体应力计和锚杆测力计等；

（5）介绍环境量监测仪器，包括水位观测仪器、渗流量观测仪器、温度测量仪器、地震观测仪器等。

3.1　监测仪器概述

用于水利工程的安全监测仪器所处的环境条件十分恶劣，有的暴露在 100～200 m 的高边坡上，有的又要深埋在 200～300 m 的坝体或基础中，有的长期在潮湿的廊道或水里工作，有的要在 -30～50 ℃的交变温度场中工作。建筑物开始施工时仪器随同埋设，直到工程运行施工期就会长达 10 年以上。一般地说，仪器一旦埋进去就无法修理和更换，甚至观测人员都难以到达仪器布设的地方。因此，对仪器除技术性能和功能符合使用要求外，通常设计制造要满足以下要求：

（1）高可靠性。设计要周密，要采用高品质的元器件和材料制造，并要严格地进行质量控制，保证仪器埋设后完好率在 95%以上。

（2）长期稳定性好。零漂、时漂和温漂满足设计及使用所规定的要求，一般有效使用寿命在 10 年以上。

（3）精度较高。必须满足监测实际需要的精度，有较高的分辨率和灵敏度，有较好的直线性和重复性，观测数据不受长距离测量和环境温度变化的影响，如果有影响所产生的测值误差应易于消除。仪器的综合误差一般应控制在 2% FS 以内。

（4）耐恶劣环境性。可在温度 -25～60 ℃、湿度 95%的条件下长期连续运行，设计有防雷击和过载冲击保护装置，耐酸、耐碱、防腐蚀。

（5）密封耐压性良好。防潮密封性良好，绝缘度满足要求，在水下工作要能承受设计规定的耐水压能力。

（6）操作简单。埋设、安装、操作方便，容易测读，最好是直接数显。中等文化水平的人员经过短期培训就应能独立使用。

（7）结构牢固。能够耐受运输时的振动以及在工地现场埋设安装时可能遭受的碰撞、倾倒。在混凝土或土层振捣或碾压时不会损坏。

（8）维修要求不高。选用通用易购的元器件，便于检修和定时更换，局部故障容易排除。

（9）适于施工。埋设安装时对工程施工干扰较小，能够顺利地安装，不需要交流电源和特殊的影响施工的手段。

（10）费用低廉。包括仪器购价、维修费用和施工费用、配套的仪表和传输信号的电缆等直接费用和间接费用应尽可能低。

（11）能遥测。自动监测系统容易配置。

以上这些要求构成了比较理想的监测仪器，实际上，十全十美的仪器是很难实现的，还得根据实际需要和技术设计的可能性、制造工艺性的保证程度及质量控制手段来共同创造。

3.2　常用传感器的类型和工作原理

3.2.1　差动电阻式传感器的基本原理

差动电阻式传感器是美国人卡尔逊研制成功的，因此又习惯被称为卡尔逊式仪器。

这种仪器利用张紧在仪器内部的弹性钢丝作为传感元件将仪器受到的物理量转变为模拟量，所以国外也称这种传感器为弹性钢丝式（Elastic Wire）仪器。

由物理学知道，当钢丝受到拉力作用而产生弹性变形，其变形与电阻变化之间有如下关系式：

$$\Delta R/R = \lambda \Delta L/L \tag{3-1}$$

式中　ΔR——钢丝电阻变化量；

　　　R——钢丝电阻；

　　　λ——钢丝电阻应变灵敏系数；

　　　ΔL——钢丝变形增量；

　　　L——钢丝长度。

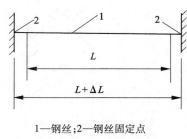

1—钢丝；2—钢丝固定点

图 3-1　钢丝变形

由图 3-1 可见，仪器的钢丝长度的变化和钢丝的电阻变化是线性关系，测定电阻变化利用式（3-1）可求得仪器承受的变形。钢丝还有一个特性，当钢丝感受不太大的温度改变时，钢丝电阻随其温度变化有如下近似的线性关系：

$$R_T = R_0(1 + \alpha T) \tag{3-2}$$

式中　R_T——温度为 T ℃的钢丝电阻；

　　　R_0——温度为 0 ℃的钢丝电阻；

　　　α——电阻温度系数，一定范围内为常数；

　　　T——钢丝温度。

只要测定了仪器内部钢丝的电阻值，用式（3-2）就可以计算出仪器所在环境的温度。

差动电阻式传感器基于上述两个原理,利用弹性钢丝在力的作用和温度变化下的特性设计而成,把经过预拉长度相等的两根钢丝用特定方式固定在两根方形断面的铁杆上,钢丝电阻分别为 R_1 和 R_2,因为钢丝设计长度相等,R_1 和 R_2 近似相等,如图 3-2 所示。

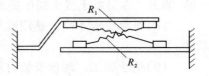

图 3-2　差动电阻式仪器原理

当仪器受到外界的拉压而变形时,两根钢丝的电阻产生差动的变化,一根钢丝受拉,其电阻增加,另一根钢丝受压,其电阻减小,两根钢丝的串联电阻不变而电阻比 R_1/R_2 发生变化,测量两根钢丝电阻的比值,就可以求得仪器的变形或应力。

当温度改变时,引起两根钢丝的电阻变化是同方向的,温度升高时,两根钢丝的电阻则都减小。测定两根钢丝的串联电阻,就可求得仪器测点位置的温度。

差动电阻式传感器的读数装置是电阻比电桥(惠斯通型),电桥内有一可以调节的可变电阻 R,还有两个串联在一起的 50 Ω 固定电阻 $M/2$,其测量原理见图 3-3,将仪器接入电桥,仪器钢丝电阻 R_1 和 R_2 就与电桥中可变电阻 R 及固定电阻 M 构成电桥电路。

图 3-3(a)是测量仪器电阻比的线路,调节 R 使电桥平衡,则

$$R/M = R_1/R_2 \tag{3-3}$$

因为 $M = 100$ Ω,故由电桥测出的 R 值是 R_1 和 R_2 之比的 100 倍,$R/100$ 即为电阻比。电桥上电阻比最小读数为 0.01%。

图 3-3(b)是测量串联电阻时,利用上述电桥接成的另一电路,调节 R 达到平衡时,则

$$(M/2)/R = (M/2)/(R_1 + R_2) \tag{3-4}$$

简化式(3-4)得

$$R = R_1 + R_2 \tag{3-5}$$

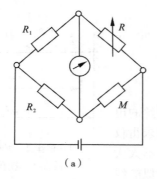
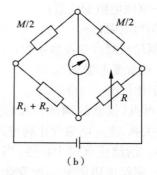

图 3-3　电桥测量原理

这时从可变电阻 R 读出的电阻值就是仪器的钢丝总电阻,从而求得仪器所在测点的温度。

综上所述,差动电阻式仪器以一组差动的电阻 R_1 和 R_2,与电阻比电桥形成桥路从而测出电阻比和电阻值两个参数,来计算出仪器所承受的应力和测点的温度。

3.2.2　钢弦式传感器

钢弦式传感器的敏感元件是一根金属丝弦(一般称为钢弦,振弦或简称"弦"),常用高弹性弹簧钢、马氏不锈钢或钨钢制成,它与传感器受力部件连接固定,利用钢弦的自振频率与钢弦所受到的外加张力关系式测得各种物理量。由于它结构简单可靠,传感器的设计、制造、安装和调试都非常方便,而且在钢弦经过热处理之后其蠕变极小,零点稳定,因此倍受工程界青睐。近年来在国内外发展较快,欧美已基本替代了其他类型的传感器。

钢弦式传感器所测定的参数主要是钢弦的自振频率,常用专用的钢弦频率计测定,也可用周期测定仪测周期,二者互为倒数。在专用频率计中加一个平方电路或程序也可直接显示频率平方。

钢弦式传感器利用电磁线圈铜导线的电阻随温度变化的特性可以进行温度测量,也可在传感器内设置可监测温度的元件,同样可以达到目的。钢弦式传感器的优点是钢弦频率信号的传输不受导线电阻的影响,测量距离比较远,仪器灵敏度高,稳定性好,自动检测容易实现。

3.2.3　电感式传感器

电感式传感器是一种变磁阻式传感器,利用线圈的电感的变化来实现非电量电测。它可以把输入的各种机械物理量如位移、振动、压力、应变、流量、比重等参数转换成电量输出,可以实现信息的远距离传输、记录、显示和控制。电感式传感器种类很多,常用的有Ⅱ形、E形和螺管形三种。虽然结构形式多种多样,但基本包括线圈、铁芯和活动衔铁三个部分,见图 3-4。

图 3-4 所示的是最简单的电感式传感器原理。铁芯和活动衔铁均由导磁材料如硅钢片或坡莫合金

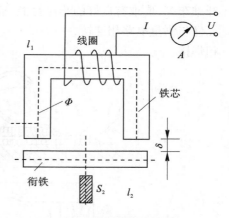

图 3-4　电感式传感器原理

制成,可以是整体的或者是迭片的,衔铁和铁芯之间有空隙。当衔铁移动时,磁路中气隙的磁阻发生变化,从而引起线圈电感的变化,这种电感的变化与衔铁位置即气隙大小相对应。因此,只要能测出这种电感量的变化,就能判定衔铁位移量的大小。电感式传感器就是基于这个原理设计制作的。

在工程中也会采用差动变压器式传感器,习惯称为差动变压器,其结构与差动电感传感器完全一样,也是由铁芯、衔铁和线圈三部分组成。所不同之处仅在于差动变压器上下两只铁芯均绕有初级线圈(激励线圈)和次级线圈(输出线圈)。上下初级线圈串联接交流激磁电压,次级线圈则接电势反相串联。当衔铁处于中间初始位置时,两边气隙相等,磁阻相等,磁通量相等,次级线圈中感应电动势相等,结果输出电压为零。当衔铁偏离中间位置时,两边气隙不等,两线圈间互感发生变化,次级线圈感应电动势不再相等,使有电压输出,其大小和相位决定于衔铁移动量的大小和方向。差动变压器就是基于这种原理制成的。

电感式传感器结构简单,没有活动电接触点,工作可靠,灵敏度高,分辨率大,能测出 0.1 μm 的机械位移和 0.1″的微小角度变化,重复性好,高精度的口径已做到非线性度误差达 0.1%。

3.2.4　电阻应变片式传感器

电阻应变片是一种将机械构件上应变的变化转换为电阻变化的传感元件。它是基于金属的电阻应变效应的原理制成的,即金属导体的电阻随着所受机械变形(拉伸或压缩)的大小而变化,这就是电阻应变片工作的物理基础。因为导体的电阻与材料的电阻系数、长度和截面面积有关,导体在承受机械变形过程中,这三者都要变化。因此,引起导体电阻产生变化。

电阻应变片的基本构造见图 3-5。它由敏感栅、基底、黏合层、引出线、盖片等组成。敏感栅由直径为 0.01 ~ 0.05 mm、高电阻细丝弯曲而成栅状,是电阻应变片的敏感元件,实际上就是一个电阻元件。敏感栅用黏合剂将其固定在基底上。基底的作用是保证将构件上应变准确地传递到敏感栅上去。基底一般厚 0.03 ~ 0.06 mm,材料有纸、胶膜、玻璃纤维布等,要求有良好的绝缘性能、抗潮性能和耐热性能。引出线的作用是将敏感栅电阻元件与测量电路相连接,一般由 0.1 ~ 0.2 mm 低阻镀锡铜丝制成,并与敏感栅两输出端相焊接。

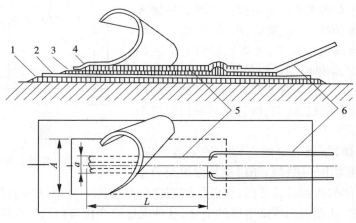

1、3—黏合层;2—基底;4—盖片;5—敏感栅;
6—引出线;L—基长;a—基宽

图 3-5　电阻应变片的基本构造

电阻应变片的品种繁多,按敏感栅不同分为丝式电阻应变片、箔式应变片和导体应变片三种。常用的是箔式应变片,它的敏感栅由 0.01 ~ 0.03 mm 金属箔片制成。箔式电阻应变片用光刻法代替丝式应变片的绕线工艺,可以制成尺寸精确、形状各异的敏感栅,允许电流大,疲劳寿命长,蠕变小,特别是实现了工艺自动化,生产效率高。

电阻应变片是美国在第二次世界大战期间研制并首先应用于航空工业的。由于这种传感器尺寸小、重量轻、分辨率高、能测出 1 ~ 2 个微应变(1×10^{-6} mm/mm),误差在 1%

以内,适于远距离测量和巡检自动化。日本共和电业首先引进制成以电阻片为传感元件的观测仪器,称为"贴片式仪器"。在日本已替代卡尔逊式仪器,普遍用于工程建设。

3.3　外部变形监测仪器

外部变形观测一般包括两大类:①用经纬仪、水准仪、电子测距仪或激光准直仪,根据起测基点的高程和位置来测量建筑物表面标点、觇标处高程与位置的变化。②在建筑物内、外表面安装或埋设一些仪器来观测结构物各部位间的位移,包括接缝或裂缝的位移测量。

3.3.1　变形监测控制网用仪器

利用测距、测角、测水准和准直线等大地测量方法,建立平面控制网用以测量大坝、坝肩、基础和大坝周边地区的水平位移及垂直位移。其特点是使用经纬仪、水准仪、测距仪等光学仪器按视准线、边角网、交会法及导线法等方法测得网内点位相对于固定的大地参考点的绝对位移和变形。

鉴于国家对变形监控精度的要求较高,受到光学仪器望远镜放大倍数的限制,照准误差大,特别是大坝坝长、气候条件较差时,致使观测成果不能正确地反映坝体的实际变形,为此变形监测控制网多选用高精度的光学仪器。国内生产光学仪器的厂家也很多,只要精度能满足要求,应优先选用。与光学测量仪器相配套的工具,如标尺、觇标、水准标志、基座等,国内生产光学仪器的厂家均有供应。四川新都飞翔测绘工具厂生产的强制对中基座等新型结构,目前使用较多。

3.3.2　激光准直仪

激光准直仪分为大气激光准直仪和真空激光准直仪两种。

3.3.2.1　大气激光准直仪

过去大坝水平位移多用经纬仪视准线法进行观测,由于受到仪器望远镜放大倍数的限制和大气折光的影响,特别是坝较长,往往观测误差大于 2 mm,甚至超过坝本身的位移量。利用激光的方向强、亮度高、单色性、相干性好及光电探测远高于人眼分辨率的特性,在光学视准线的基础上开发了激光照准法技术用于大坝水平位移的观测,增加了准直距离,提高了准直精度,且实现了全天候观测。武汉测绘科技大学研制的波带板激光准直系统于 1980 年前后分别安装在刘家峡大坝和西津大坝廊道中。武汉水利电力学院研制的激光准直波带板衍射装置用于湖北省徐家河水库(坝长 836 m)进行水平位移观测。长办勘测总队研制的 JZB－800 型激光准直仪也于 1980 年安装在葛洲坝船闸的廊道中。

大气激光准直仪在坝基准线两端分别设置激光点光源(发射点)和激光探测器(接收靶),根据观测需要在位移标点上设置波带板及其支架(测点)。因此,大气激光准直仪又称为波带板激光准直仪(见图 3-6)。从点光源发出的激光束,使它对准激光探测器,在测点 1 上利用强制对中装置插入相应焦距的波带板,激光束在该点波带板衍射后,便在接收靶上产生一个十字亮线,按三点准直原理,精确测定十字亮线的中心位置,即可算出测点 1 的位移值。当测点 1 观测结束后,取下该点波带板,插上测点 2 的波带板,重复前述方法观测,直到所有测点全部观测完,就可测得沿坝长方向坝体的水平位移情况。

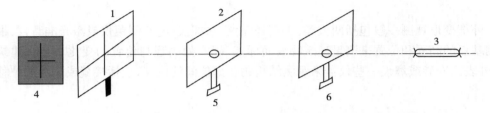

1—激光探测器;2—波带板;3—激光点光源;4—十字亮线;5—测点 1;6—测点 2

图 3-6　波带板激光准直仪示意图

3.3.2.2　真空激光准直仪

真空激光准直仪见图 3-7,分为激光准直装置和真空管道系统两部分,其中,该系统中的激光准直系统的设计与大气激光准直相同。将装有波带板装置的测点箱与适合大坝变形的软连接的可动真空管道联成一体。管道内气压控制在 66 Pa 以下,使激光源发射的激光在真空中传输,减少大气折光和大气湍流对准直的影响,从而使激光接收装置上测得的大坝变形值更接近真实。该系统能同时观测各测点的水平位移和垂直位移,具有高精度、高效率、作业条件好、不受外界温度湿度和观测时间的限制等特点。

由松辽委科研院、杭州大学、水电四局、丰满发电厂和太平哨电站等共同研制的真空激光准直系统在东北太平哨电站和丰满电厂得到了成功应用。太平哨电站真空激光准直系统于 1981 年安装,1982 年正式投入使用。管道长 560 m,13 个坝段设置测点,至今已连续运行 13 年。丰满电厂 1982 年安装,1984 年投入运用。真空激光系统布置在距坝顶 4.3 m 的电缆廊道内,管道长 1 000 m,在 4 号至 55 号坝段上共布置了 52 个测点,系统运行至今已经 11 年。这两个工程的成功运用,进一步推广了真空激光准直系统在国内大坝工程上的应用,特别在结合应用电子计算机后,使得这项技术更趋完善,为大坝变形自动化量测提供了较为理想的手段。

真空激光准直仪参见图 3-7,其激光准直系统的设计与大气激光准直相同。

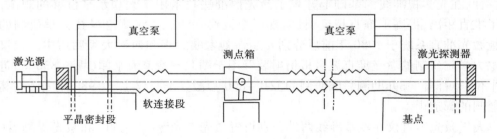

图 3-7　真空激光准直仪示意图

3.3.3　GPS(Global Positioning System)全球定位系统

　　GPS 是 20 世纪 70 年代美国国防部研制的全球定位系统,利用 GPS 空间测量新技术与常规地形变化监控技术相结合在测量领域中得到了广泛应用。大坝变形监控常用的传统方法是利用光学仪器建立高精度的监测控制网来测量位移。由于受地形、气候等条件制约,影响了测量精度,而且观测时间长、劳动强度大,难以实现监控自动化。采用 GPS 技术则具有操作简单、观测时间短、定位精度高、能全天候作业等优点,且结合计算机技术,可实现从数据采集、平差计算到变形分析的连续自动化。特别是接收机体积减少和价格降低、操作更简便,促进了 GPS 技术的推广与应用。

　　在 GPS 测量技术中,相对定位是精度最高的一种定位方法,即采用两台 GPS 接收机分别安置在基线的两端,并同步观测相同的 GPS 卫星,以确定基线端点在协议地球坐标系中的相对位置或基线相量。这种方法一般可推广到多台接收机确定多条基线相量。由于两个或多个观测站是同步观测相同的卫星,因此卫星的轨道误差、卫星时钟差、接收机时钟差以及电离层和对流层的折射误差等得以消除和减弱,从而提高了相对定位的精度。

　　利用 GPS 定位技术可同时精确确定测点站的三维坐标,一般进行水平位移观测可得到小于 ±5 mm 的位移量,高程的测量误差可得到 ±10 mm 的精度。

　　GPS 接收仪在美国、瑞士、日本和法国均有生产,知名的厂商有美国的阿斯泰克公司(Ash. teeh)、天宝导航公司(Niccolo)和瑞士的徕卡公司。我国广州的南方公司也已有商品应市。表 3-1 列出美国天宝导航公司和阿斯泰克公司 GPS 接收仪的主要技术参数。

表 3-1　GPS 接收仪的主要技术参数

名称型号		4000SSE 双频 大地测量接收仪	4000SE 单频接收仪	GG 型测量员 GPS + GLONASS 系统
静态 测量 精度	水平	$5\ mm \pm 1 \times 10^{-6}$	$1\ cm \pm 1 \times 10^{-6}$	$5\ mm \pm 1 \times 10^{-6}$
	垂直	$1\ cm \pm 1 \times 10^{-6}$	$2\ cm \pm 2 \times 10^{-6}$	$10\ ln \pm 2 \times 10^{-6}$
	方位角	1 弧秒 ±5/基线长度(km)		0.15 +1.5/基线长度(km)
跟踪		L_1、L_2 各 9 通道	9 通道	$L_1$12 通道
尺寸质量		230 mm ×260 mm × 80 mm,3.0 kg	230 mm ×260 mm × 80 mm,2.7 kg	172 mm ×58 mm ×218 mm, 1.58 kg
电源		10 ~35VDC 10 W 连续工作 8 h	12VDC 6AH 可充电	功率 3 W
环境条件		工作温度 −20 ~55 ℃,贮藏温度 −30 ~75 ℃,湿度 100%		工作温度 −30 ~55 ℃, 贮藏温度 −40 ~85 ℃
生产单位		美国天宝导航公司		美国阿斯泰克公司

3.3.4　位移计

3.3.4.1　差动电阻式土位移计

差动电阻式土位移计是一种供长期测量土体或其他结构物间相对位移的观测仪器。在外界提供电源时,它输出的电阻比变化量与位移变化量成正比,而输出的电阻值变化量与温度变化量成正比。

土位移计由变形敏感元件、密封壳体、万向铰接件和引出电缆四部分组成,如图 3-8 所示。变形敏感元件是差动电阻式传感器。仪器两端万向铰接件配有柱销连接头和螺栓连接接头,可用于连接锚固板或长杆。

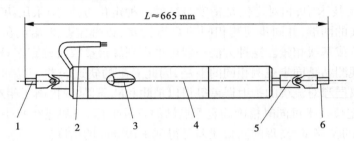

1—螺栓连接头;2—引出电缆;3—变形敏感元件;
4—密封壳体;5—万向铰接件;6—柱销连接头

图 3-8　差动电阻式土位移计

3.3.4.2　钢弦式位移计

钢弦式位移计采用振弦式传感器,工作于谐振状态,迟滞、蠕变等引起的误差小,温度使用范围宽,抗干扰能力强,能适应恶劣环境中工作。广泛应用于地基基础、坝工建筑及其他土工建筑物的位移监控。钢弦式位移计由位移传动杆、传动弹簧、钢弦、电磁线圈、钢弦支架、防水套管、导向环、内外保护套筒、两端连接拉杆和万向节等部件构成(见图3-9)。电缆常用二芯屏蔽电缆。

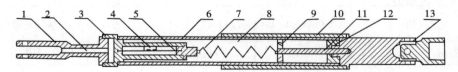

1—拉杆接头;2—电缆孔;3—钢弦支架;4—电磁线圈;5—钢弦;
6—防水波纹管;7—传动弹簧;8—内保护筒;9—导向环;10—外保护筒;
11—位移传动杆;12—密封圈;13—万向节(或铰)

图 3-9　钢弦式位移计结构示意图

3.3.4.3　引张线式水平位移计

引张线式水平位移计是由受张拉的铟瓦合金钢丝构成的机械式测量水平位移的装置,其优点是工作原理简单、直观、耐久,观测数据可靠,适用于长期观测。广泛用于土石坝及其他填土建筑物及边坡工程中,观测其水平位移。

引张线式水平位移计主要由锚固板因瓦合金钢丝、钢丝头固定盘、分线盘、保护管、伸缩接头、固定标点台和游标卡尺等组成(见图 3-10)。

引张线式水平位移计的工作原理是在测点高程水平铺设能自由伸缩、经防锈处理的镀锌钢管(或硬质高强度塑料管),从各测点固定盘引出铟瓦合金钢丝至观测台固定点,经导向轮,在其终端系一恒重砝码,测点移动时,带动钢丝移动,在固定标点处用游标卡尺量出钢丝的相对位移,即可算出测点的水平位移量。测点位移的大小等于某时刻 t 时读数与初始读数之差,再加相应观测台内固定标点的位移量。

引张线式水平位移计的埋设方法有挖坑槽埋设方法(坝体)和不挖坑槽(表面)埋设方法两种。

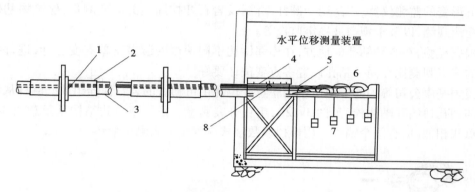

1—钢丝锚钢点;2—外伸缩管;3—外水平保护管;4—游标尺;

5—ϕ 2mm 铟钢丝;6—导向轮盘;7—砝码;8—固定标点

图 3-10　引张线式水平位移计示意图

3.3.4.4　滑线电阻式土位移计(TS 位移计)

滑线电阻式土位移计也称土应变计或堤应变计,是一种坚固、测量精度高、埋设容易的位移测量仪器,可测土体某部位任何一个方向的位移,适用于填土中埋设。可单点埋设,亦可串联埋设。

滑线电阻式土位移计主要由传感元件、铟瓦合金连接杆、钢管保护内管、塑料保护外壳、锚固法兰盘和传输信号电缆构成(见图 3-11)。传感元件是一种直滑式合成型电位器,结构简单,尺寸小,重量轻,输出信号大,精度高,空载线性度 ±0.1%,分辨率高,在 1 mm 行程中可分辨 200 ~ 1 000 个点。

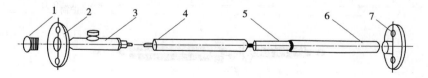

1—左端盖;2—左法兰;3—传感元件;4—连接杆;5—内护管;6—外护管;7—右法兰

图 3-11　滑线电阻式土位移计示意图

3.3.4.5　变位计

变位计又称伸长计、钻孔伸长仪或钻孔位移计,主要是用来观测地下(深度 20 m 以上)基岩变形的位移,变位计分为单双点变位计和多点变位计两类。多点数在国内最多为 6 点,国外可多达 10 点。量测变形的传感器有测微表式、电位器式、钢弦式和差动电阻式。

变位计的灌浆锚栓与岩体牢固连成一体,当岩体沿钻孔轴线方向发生位移时,锚栓带动传递杆延伸到钻孔孔口基准端,使得位于基准端的伸长测量仪表也随着位移产生相应的变化,随着锚点的移动,相对于基准端的伸长即可测出。

1)单双点锚固式变位计

单双点锚固式变位计是一种比较经济、操作简单、结构牢固、工作可靠、容易安装的测量地下形变的监测仪器,广泛用于矿井、隧洞及岩石开挖周边的应变测量,建筑物基础和桥墩变形观测,以及土坝边坡稳定监控等。

根据经验,在容易钻孔的地方,在相邻钻孔不同深度安装多支单点变位计,进行各点之间的多点观测比在同一钻孔设置多点变位计要好。

美国基康公司等国外厂商生产的单点变位计由可膨胀的岩石锚栓组成。测杆从钻孔锚栓伸到孔口的环轴锚栓(见图 3-12),用百分表测量变形。双点式结构见示意图 3-13,与单点式相似,但有两个锚栓。用模拟或数字式深度千分表测量变形。

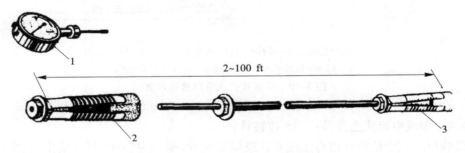

1—测微计;2—环轴锚栓;3—钻孔锚栓

图 3-12　单点式锚杆变位计

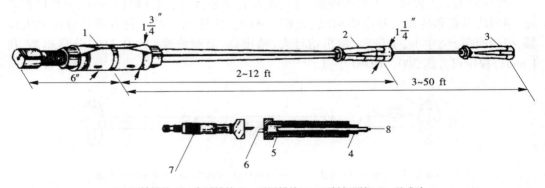

1—环轴锚栓;2—中层锚栓;3—下层锚栓;4—不锈钢测杆;5—基准头;
6—深度千分表插孔;7—模拟或数字式深度千分表;8—不锈钢管

图 3-13　双点锚杆变位计

2）多点变位计

在同一钻孔中沿其长度方向设置不同深度的测点 3～6 个，国外可多达 10 点，测量各测点沿长度方向的位移，适用于各种建筑物基础及水利工程，如隧洞、厂房、洞室、边坡、坝基等基岩不同深度的变形监控。

多点变位计主要由锚头、传递杆、护管、支承架、前（后）护筒、传感器、护罩以及灌浆管（或压力水管）组成（见图 3-14）。传感器可用人工测读的机械式测微仪表，也可用远程传输的电测传感器，如线性电位器式位移计、差动电阻式位移计、钢弦式位移计等。

常用的锚头形式有四种：可膨胀型岩石锚，弹簧锚头，灌浆锚头，水力扩张锚头。

工作原理：当钻孔各个锚固点的岩体产生位移时，经传递杆传到钻孔的基准端，各点的位移量均可在基准端进行量测。基准端与各测点之间的位置变化即是测点相对于基准端的位移。根据这一原理，可用多点变位计监控建筑物某一部位相对另一部位、建筑物相对基础、基础某一部位相对另一部位的位移。如果要观测岩石的绝对变形，可使变位计最深的锚头固定在基岩变形范围之外，即找到稳定不变的基准点，就可测出基岩的相应变形值。

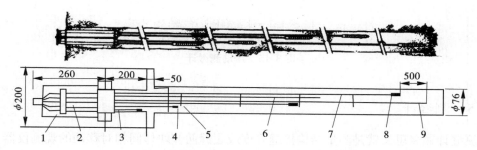

1—保护罩；2—传感器；3—预埋安装管；4—排气管；
5—支承板；6—护套管；7—传递杆；8—锚头；9—灌浆管

图 3-14　多点变位计示意图　（单位：mm）

3.3.4.6　滑动测微计

滑动测微计是瑞士 Solexperts 公司为监测沿某一直线的应变分布面制造的高精度便携式仪器，从原理和功能来看，这是一种比较新颖的钻孔多点变位计。

滑动测微计用于确定在岩石、混凝土和土中沿某一测线的应变和轴向位移的全部分布情况。在混凝土坝中可用其观测由于水位变化、温度变化和混凝土收缩所产生的荷载作用，研究坝肩和岩石间的相互作用。在隧道等地下工程中可用它确定松动区，观测膨胀。在桩基、防渗墙和各种隔墙中，可用它观测沿桩和墙的两侧测线的应变，从而确定其曲率，估计其弯矩，确定其偏位曲线。

将滑动测微计插入钻孔的套管中，并在间距为 1.0 m 的两测标间一步步移动。在滑移位置，探头可沿套管从一个测标滑到另一个测标。使用导杆，探头旋转 45°到达测试位置，向后拉紧加强电缆，利用锥面－球面原理，使探头的两个测头在相邻两个测标间张紧，探头中传感器被触发，并将测试数据通过电缆传到测读装置上。周围介质（土、岩石或混凝土)的变形会引起测标产生相对位移。因此,滑动测微计能对某测线的应变或轴向位移获得高精度的测量。滑动测微计的外观见图 3-15。

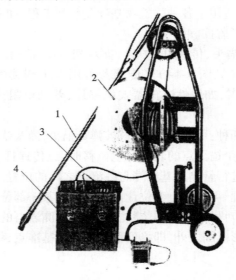

1—探头;2—带集线环的绞线盘;
3—加强测量电缆 100 m;4—测读仪

图 3-15　滑动测微计

3.3.5　测缝计

测缝计顾名思义就是测量结构接缝开度或裂缝两侧块体间相对移动的观测仪器。按其工作原理有差动电阻式测缝计、电位器式测缝计、钢弦式测缝计、旋转电位器式测缝计以及金属标点结构测缝装置等。测缝计与各种形式加长杆连接可组装成基岩变形计,用以测量基岩变形。

3.3.5.1　差动电阻式测缝计

差动电阻式测缝计用于埋设在混凝土内部,遥测建筑物结构伸缩缝的开合度,经过适当改装,也可监控大体积混凝土表面裂缝的发展以及基岩的变形,如测量两坝段间接缝的相对位移,大坝管道中结构裂缝(接缝)的监控,软弱基岩中夹泥层的变形与错动、断层破碎带的变形监测等。

测缝计由上接座、钢管、波纹管、接线座和接座套筒等组成仪器外壳。电阻感应组件由两根方铁杆、弹簧、高频瓷绝缘子和直径为 0.05 mm 的弹性电阻钢丝组成。两根方铁杆分别固定在上接座和接线座上。两组电阻钢丝绕过高频瓷绝缘子张紧在吊拉簧和玻璃绝缘子焊点之间(见图 3-16),并交错地固定在两根方铁杆上。外套塑料套以防止埋设时水泥浆灌入波纹管间隙内,保持伸缩自如。

3.3.5.2　钢弦式测缝计

钢弦式测缝计常用钢弦式位移传感器改装。

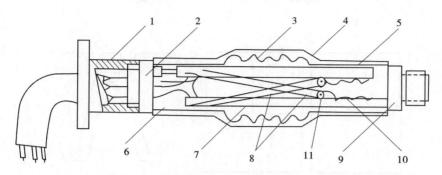

1—接座套筒;2—接线座;3—波纹管;4—塑料套;5—钢管;6—中性油;
7—方铁杆;8—弹性钢丝;9—上接座;10—弹簧;11—高频瓷绝缘子

图 3-16　测缝计结构

3.3.5.3　金属标点结构测缝装置

金属标点结构测缝装置主要用于观测混凝土建筑物伸缩缝的开合度。

（1）对混凝土建筑物表面裂缝观测,可采用在裂缝两侧混凝土表面各埋设一个金属标点（见图 3-17）。用游标卡尺测定两金属标点间距的变化值,即为裂缝宽度的变化值,精度可量至 0.1 mm。

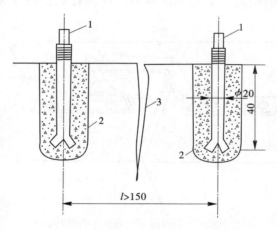

1—游标卡尺卡测处;2—钻孔线;3—裂缝

图 3-17　混凝土裂缝观测金属标点结构示意图 （单位:mm）

（2）为了观测伸缩缝的空间变化,可采用如图 3-18 所示的三点式金属标点。3 个金属标点中两点埋设在伸缩缝一侧,其连线平行于伸缩缝,并与位于伸缩缝另一侧的第 3 个标点构成等边三角形,且三点大致位于同一水平面上。用游标卡尺测量时将卡尺两测针插入 A、B、C 三点中任两个金属标点圆锥形小凹坑中,上下移动测针用止动螺钉插入其小孔内固定,再微调垂直测微螺钉,使水泡位于水准管中心,则两测针尖在同一水面上,即可从卡尺上读出垂直读数和水平读数,准确到 0.1 mm。

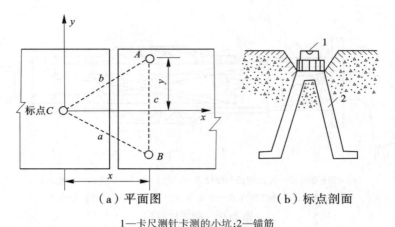

（a）平面图　　　　　　　（b）标点剖面

1—卡尺测针卡测的小坑;2—锚筋

图 3-18　三点式金属标点结构示意图　（单位:mm）

（3）图 3-19 所示的型板式三向标点可观测伸缩缝的空间变化。用宽 30 mm,厚 5~7 mm的金属板制成 3 个方向相互垂直的测量拐角架,并在其上焊三对不锈钢或铜标点,用以观测 3 个方向的变化。用螺栓将拐角架锚固在混凝土上。用游标卡尺或千分卡尺测量三对标点的距离 x、y、z,两次观测间所测得数值的变化即反映伸缩缝的三向变化。

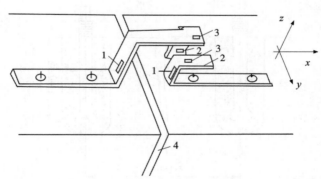

1—观测 x 方向的标点;2—观测 y 方向的标点;

3—观测 z 方向的标点;4—伸缩缝

图 3-19　型板式三向标点结构安装示意图

（4）二向、三向测缝计。

由单向大量程位移计构成的二向测缝计和三向测缝计,主要用于混凝土面板堆石坝周边伸缩缝开合度的观测。混凝土面板由趾板与岩坡和坝址牢靠连接。面板与趾板之间为周边伸缩缝,通称周边缝。观测最大坝高处的周边缝的两向位移,即垂直面板的沉降（或上升）和沿坡面向河谷的开合位移,应采用两向测缝计组。沿两岩坡周边缝的三向位移观测,即沉降或上升,垂直周边缝的开合位移及沿缝向的剪切位移,应采用三向测缝计组。

　　三向测缝计有 TS 型电位器式位移计组成的 TSJ 型三向测缝计、CF 型差动电阻式测缝计组成的 CF 型三向测缝计、SDW 型钢弦式位移计组成的 SDW 型三向测缝计和 3DM－200 型旋转电位器式三向测缝计等。前三种都是利用单向位移计组装成如图 3-20 所示的三向测缝计组，最后一种是专用结构。

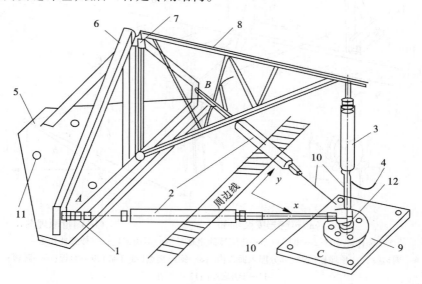

1—万向轴节;2—观测趋向河谷位移的位移计;3—观测沉降的位移计;4—输出电缆;
5—趾板上的固定支座;6—支架;7—不锈钢活动铰链;8—三角支架;9—面板上的固定支座;
10—调整螺杆;11—固定螺孔;12—位移计支座
图 3-20　三向测缝计构造示意图

　　二向测缝计构造与三向测缝计基本相同，只是少装一个位移计 2。

　　通过测量标点 C 相对于 A 点和 B 点的位移，计算出周边缝的开合度。当产生垂直面板的升降时，位移计 2 和位移计 3 均产生拉伸，当面板仅有趋向河谷的位移时，位移计 3 应无位移量示出，位于上部的位移计 2 拉出，位于下边的位移计 2 压缩，如果有较大位移发生，该位移计也会拉伸。利用量程调整螺杆 10 可以调节每支位移计的量程在适当范围。

　　(5)3DM－200 型二向、三向测缝计。

　　3DM－200 型三向测缝计由 3 个旋转电位器式位移传感器、支护件和智能化二次仪表三部分组成。其结构示意图如图 3-21 所示，支护件由坐标板、保护罩、伸缩节和标点支架组成。支护件的主要作用是在坐标板 2 上固定 3 个位移传感器，在预埋板 7 上设置位移标点 P，以形成一个相对的坐标系。3 个位移传感器 1 由 3 根不锈钢丝 4 引接并交于 P 点。保护罩用来保护不锈钢丝不受外界扰动或损坏。伸缩节由土工布制作，置于保护罩与位移标点之间，以保证当面板产生位移时，标点 P 在测缝计量程范围内自由移动。支护件的设计应根据周边缝的构造而定。

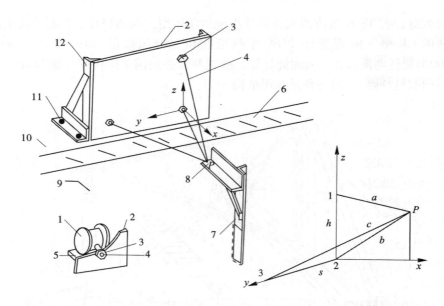

（a）传感器安装细部   （b）测量原理图

1—位移传感器；2—坐标板；3—传感器固定螺母；4—不锈钢丝；5—传感器托板；
6—周边缝；7—预埋板（虚线部分埋入面板内）；8—钢丝交点（细部略）；9—面板；10—趾板；
11—地脚螺栓；12—支架

图 3-21   3DM-200 型三向测缝计安装示意图

该种测缝计是基于在周边缝一侧的标点 P 相对于另一侧安装了 3 支传感器的坐标板的空间位移，通过测量 3 根钢丝位移的变化，来换算求得缝的沉陷（上升）、张合和切向位移。

3.3.6   收敛计

收敛计又叫带式伸长计或卷尺式伸长计。对于测量两个外露测点的相对位移是十分方便的，是一种比较简单而有效的、应用较为普遍的便携式仪器。其主要用于固定在建筑物、基坑、边坡及周边岩体的锚栓测点间相对变形的监测。它可以在施工期和竣工后定期观测隧洞顶板下沉、坑道顶板下垂、基坑形变、边坡稳定性的表面位移等。

收敛计主要由钢卷尺（因瓦钢或高弹性工具钢）、百分表、测量拉力装置及与锚栓测点相连接的连接挂钩等部分组成（见图 3-22）。钢尺按每 2.5 cm 或 5 cm（2 in）孔距用高精度加工穿孔，测力计张拉定位进行拉力粗调。弹簧控制拉力使钢尺张紧，百分表进行位移微距离读数测量。

测量时将收敛计一端的连接挂钩与测点锚栓上不锈

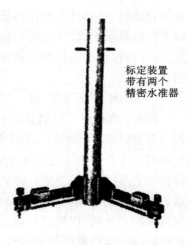

标定装置
带有两个
精密水准器

图 3-22   因瓦合金标定装

钢环(钩)相连,展开钢尺使挂钩与另一测点的锚栓相连。张力粗调可把收敛计测力装置上的插销定位于钢尺穿孔中来完成。张力细调则通过测力装置微调至恒定拉力。在弹簧拉力作用下,钢尺固紧,高精度的百分表可测出细调值。记下钢尺读数,加上(减去)测微细调读数,即可得到测点位移值。

3.3.7　测斜仪

测斜类仪器通常分为测斜仪和倾斜计(仪)两类。用于钻孔中测斜管内的仪器,习惯称为测斜仪;设置在基岩或建筑物表面,用做测定某一点转动量,或某一点相对于另一点垂直位移量的仪器,称为倾斜仪。

测斜仪是通过测量测斜管轴线与铅垂线之间夹角变化量,来监测土、岩石和建筑物的侧向位移的高精度仪器。广泛用于土石坝、混凝土坝的坝肩、坝基和坝体中侧向位移的监控,天然和人工开挖边坡滑动剪切面的位置与位移方向的确定,码头、桥基、桥台、挡土墙和隔墙等的斜度观测,基坑开挖、大型洞室边墙、竖井、隧道、坑道及地下工程周边地区稳定性监控等。

测斜仪有常规型和固定型两种。常规型就是习惯上所称的滑动型测斜仪。带有导向滑动轮的测斜仪在测斜管中逐段测出产生位移后管轴线与铅垂线的夹角,分段求出水平位移,累加得出总位移量及沿管轴线整个孔深位移的变化情况。固定型是把测斜仪固定在测斜管某个位置上进行连续、自动、遥控测量仪器所在位置倾斜角的变化。它不能测量沿整个孔深的倾角变化,但它可以安装在库水位以下的上游坝断面或者观测人员难以到达的高边坡上。

测斜仪的传感器形式多种多样,有伺服加速度计式、电阻应变片式、电位器式、钢弦式、电感式、差动变压器式等。国内多采用伺服加速度计式和电阻应变片式。

3.3.7.1　伺服加速度计式测斜仪

伺服加速度计式测斜仪是建筑物及基础侧向位移观测中应用较多的一种测斜仪,精度高、长期稳定性好。我国从 20 世纪 80 年代开始研制,有多家工厂生产伺服加速度计式测斜仪。国外也有多家如美国 Sinco 公司、Geokon 公司、英国 Sil 公司、加拿大 RST 公司和Roctest 公司都生产这种测斜仪。整套测斜仪装置由测斜仪测头、测斜管和接收仪表组成(见图 3-23)。

3.3.7.2　电阻应变片式测斜仪

电阻应变片式测斜仪在外形上和伺服加速度计式测斜仪基本相同,几何尺寸也一样。不同的是内装的敏感部件是一弹性摆。弹性摆由应变梁和重锤组成,在梁的两侧贴有组成全桥的一组电阻应变片(见图 3-24)。

3.3.7.3　固定式测斜仪

固定式测斜仪用于常规型测斜仪难于测读或无法测读的地方。

3.3.7.4　原位测斜仪

美国测斜仪器公司(Sinco)推出的 EL 型原位垂直测斜仪、EL 型原位水平测斜仪和EL 型梁式传感器,用做竖向位移或横向位移的监控。

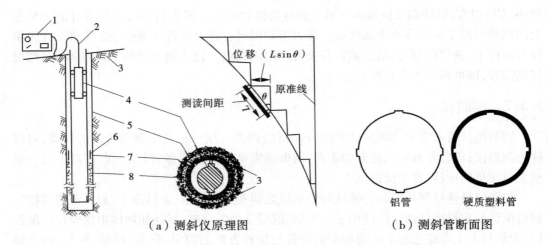

（a）测斜仪原理图　　　　　　（b）测斜管断面图

1—测读设备；2—电缆；3—夯实土；4—测头；
5—钻孔；6—接头；7—导管；8—回填

图 3-23　测斜仪

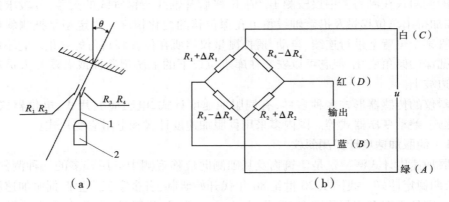

（a）　　　　　　　　　　　　（b）

1—应变梁；2—重锤；R_1、R_2、R_3、R_4—应变片；θ—倾角

图 3-24　电阻应变片式测斜仪

3.3.7.5　倾角计

　　倾角计又叫点式倾斜仪，是一种监测结构物和岩土的水平倾斜或垂直倾斜（转动）的快速便捷的观测仪器。可以是便携式的，也可以固定在结构物表面，使倾角计的底板随结构一起运动。这是一种经济、可靠、测读精确、安装和操作都很简单的仪器。

　　倾角计由传感器、倾斜板和读数仪三部分组成（见图 3-25）。

　　将倾角计与读数仪相接，把倾角计放置在与安装时调整过方向的倾斜板的一组定位销上，测出一倾角数值。然后把倾角计转动 180°，测出第二组数值，两次读数平均抵消了传感器系统误差。将现时测得的数值与初值相比，即求得倾角变化。

图 3-25　倾角计

3.3.8　沉降仪

垂直位移观测是水利工程变形观测的一项重要内容。其目的是要测定建筑物及其基础、边坡、开挖和填方在铅垂方向的升降变化。观测方法分两类:一类是用几何水准方法对标石、标杆或觇标等观测对象,进行垂直位移连续的周期性观测;另一类是在建筑物及基础内、外表面安装埋设观测仪器,来监控其垂直位移,并结合水平位移、转动位移的观测对建筑物的变形情况作全面的综合分析。

对于混凝土建筑物的垂直位移观测,主要采用前一类方法(有时也用水平测斜仪来监控垂直位移),而土坝、土石坝、边坡、开挖和填方等水利工程的沉降或固定情况的观测则主要采用后一类方法,故这类观测仪器习惯称沉降仪。常用的沉降仪有横梁管式沉降仪、电磁式沉降仪、干簧管式沉降仪、水管式沉降仪和钢弦式沉降仪。

3.3.8.1　横梁管式沉降仪

用于观测土石坝坝体内部的固结式沉降一般采用在坝体内逐层埋设横梁管式沉降仪。横梁管式沉降仪由管座、带横梁的细管、中间套管等三部分组成,如图 3-26 所示。

利用细管在套管中相对运动来测定土体的垂直位移,即当土体发生沉降或隆起时,埋设在土中的横梁翼板也跟随一道移动,并联带细管在套管中作上下运动。测定细管上口与管顶距离变化即可求出各个测点土的沉降值。

3.3.8.2　电磁式沉降仪

电磁式沉降仪适用于土石坝的分层沉降量的观测,以及路堤、地基处理过程中的堆载试验,基坑开挖或回填作业中引起的隆起和沉降的测量,也可测得一般堤坝的水平位移,即侧向位移。仪器由测头、三脚架、钢卷尺和沉降管组成(见图 3-27)。测头由圆筒形密封外壳和电路板组成。测头一端系有 50 m 长钢卷尺及三芯电缆。钢卷尺和电缆平时盘绕在滚筒上,滚筒与脚架连成一体。测量时脚架放置在测井管口上。沉降管由主管与联接管组装而成。联接管是伸缩的,并套于两节主管之间,用螺丝联接定位。另在主管套一只铁沉降环,环的内外径与联接管相同,厚度 2 mm。铁环与沉降管一道埋入土坝或钻孔中。

国外沉降仪所用的钢尺和电缆是同被压注在尼龙中形成一体的,测量时只要一人即可轻便操作。昆明捷兴岩土仪器公司已有这种产品应市,采用宽 8 mm 的钢尺,两边排上导线,压注在透明塑料(A.B.S)中。品种有 20 m、50 m 和 100 m。

埋入土体的沉降管要按设计需要隔一定距离设置一铁环,当土体发生沉降时,该环同步沉降,利用电磁探头测出沉降后铁环的位置,与初始位置相减,即可算出测点的沉降量。

3.3.8.3　干簧管式沉降仪

干簧管式沉降仪的构造和电磁式沉降仪基本相同,所不同的仅是测头用干簧管制成,示踪环不是普通铁环,而是永久磁铁。测头内装干簧管,密封于圆筒形塑料外壳内,当测头接触到环形永久磁铁时,干簧管即被磁铁吸引使电路接通,指示灯亮或发出音响信号,据此即可测出测点的位置。

3.3.8.4　水管式沉降仪

水管式沉降仪是可直接测读出结构物各点沉降量的仪器,尤其适合土石坝的内部变形观测。水管式沉降仪主要由沉降测头、管路、量测板等三大部分组成(见图 3-28)。

采用连通管原理测量测头的沉降,即采用水管将坝内测头连通水管的水杯与坝外量测板上的玻璃测量管相连接,使坝内水杯与坝外量管两端都处于同一大气压中,当水杯充满水并溢流后,观测房中玻璃管中液面高程即为坝内水杯杯口高程。测得水杯口高程的变化量即为该测点的相对垂直位移量。

3.3.8.5　钢弦式沉降仪

钢弦式沉降仪用于测量填土、堤坝、公路、储油罐、基础等结构的升降或沉陷。适用于遥测和自动数据采集。

钢弦式沉降系统由钢弦式探头、充满液体的管路、液体容器、测读装置等组成,见图 3-29。鱼雷状的测头内装钢弦式灵敏压力传感器,也可在沉降点固定埋设钢弦式压力传感器代替移动式测头(见图 3-30)。管路中充填的液体是无空气的防冻液体,为增加灵敏度,也可用水银。

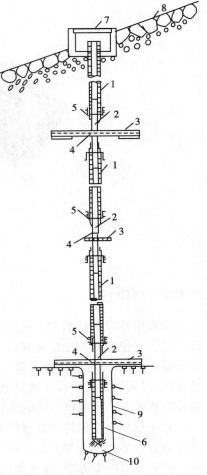

1—套管;2—带横梁的细管;3—横梁;4—U形螺栓;5—浸以柏油的麻袋布;6—管座;7—保护盒;8—块石护坡;9—岩石;10—砂浆

图 3-26　横梁式沉降管结构示意图

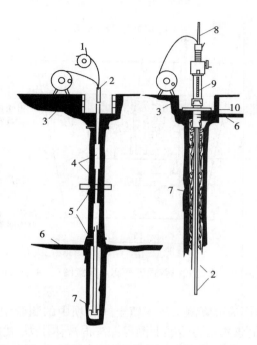

1—测尺;2—测头;3—回填土;4—伸缩接管;5—铁环;6—天然土;7—灌浆;
8—测杆;9—显读测尺;10—基准环

图 3-27　电磁式沉降仪

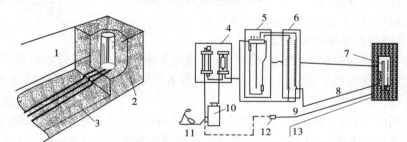

1—挖槽;2—混凝土;3—砂或黏土;4—脱气式设备;5—反压设备;6—测验板;7—沉降计筒;
8—溢流管;9—通气管;10—脱气水;11—水泵;12—气泵;13—排水管

图 3-28　水管式沉降仪量测原理示意图

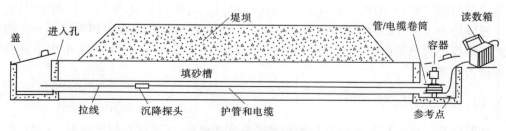

图 3-29　钢弦式沉降系统

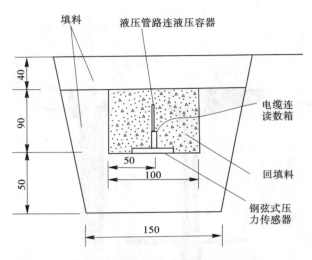

图 3-30　固定式钢弦式沉降测点示意图　（单位:mm）

钢弦式压力传感器作为沉降测头放入填土或堤坝中的测管中,它通过充满液体的管路与液体容器连接,由钢弦式压力传感器测得探头内液体压力,就可测出探头与容器内水位的高差。而容器和钢弦式测读装置是放在位于稳定的水准基点上的卷筒上,因此探头在测管中移动就可测出测管的高程变化,与起始高程比较,就可测得测管的沉降量。当固定式测头埋设部位沉降时,钢弦式压力传感器测得的液体压力也随之变化,即可求出与液压容器水位的高差,从测得相应的测点沉降量。

3.3.8.6　电测垂直水平位移测量仪

该仪器是利用活动钢弦式测斜仪原理,测量水平向埋设的测斜管各区段的垂直沉降情况。同时利用仪器中干簧管与水平向测斜管导管外壁的磁环的磁感应原理来测量结构物的水平位移。

南京水利科学研究院岩土工程研究所生产的这种电测垂直水平位移测量仪,垂直测量的量程为 $\pm 10°$,准确度为 $\pm 1\ \mu\varepsilon$（$\pm 36''$）,水平测量准确度为 ± 2 mm。

3.3.9　液体静力水准仪

液体静力水准仪是测量两点或多点间相对高程变化的精密仪器。主要用于大坝、核电站、高层建筑、矿山、滑坡等垂直位移和倾斜的监控,可以目视观测,也可自动化观测。

液体静力水准仪的种类很多,主要区别在于测读液面高度的方法和手段不同。除水管式沉降仪一种目测读法外,电测法应用也比较广泛。图 3-31 ～ 图 3-33 给出了几种常见的静力水准仪。

3.3.10　垂线坐标仪

建筑物除需要进行垂直位移观测和水平位移观测外,还要进行挠度观测,这对混凝土大坝,特别是拱坝和双曲拱坝尤为必要。所谓挠度观测,是指建筑物垂直断面内,各个高程点相对于底部基点的水平位移的观测。垂线就是观测挠度的一种简便有效的测量手段。常用的垂线有正垂线和倒垂线两种。

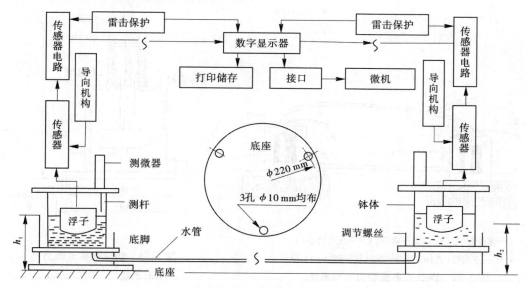

图 3-31　差动变压器式静力水准仪示意图

　　正垂线观测系统由专用竖井、悬线装置固定线夹、活动线夹、观测墩、垂线、重锤和垂线坐标观测仪器等组成(见图 3-34(a))。通常采用直径为 1.5～2 mm 的不锈钢丝,下端挂上 20～40 kg 的重锤,用卷扬机悬挂在坝顶某一固定点,通过竖井直接垂到坝底的基点。根据观测要求,沿垂线在不同高程及基点设置多处观测墩,利用固定在观测墩上的坐标仪,测量各观测点相对于此垂线的位移值。固定线夹是用做更换垂线时,保持垂线悬挂点位置不变。活动线夹是用在正垂多点夹线法中,把垂线固定在被观测点位上的专用装置。

　　图 3-34(b)所示为倒垂线观测系统,由倒垂锚块、垂线、浮筒、观测墩、垂线观测仪等组成。垂线下端固定在基岩深处的孔底锚块上,上端与浮筒相连,在浮力作用下,钢丝铅直方向被拉紧并保持不动。在各测点设观测墩,安置仪器进行观测,即得各测点对于基岩深处的绝对挠度值。这就是倒垂线的多点观测法。因倒垂线的一端要锚固在基岩下稳固不产生位移的位置,所以倒垂线具有相当高的精度,而且稳定可靠,但是设置一个倒垂系统代价较大。苏联学者 N. C. 拉布茨维厅研制了一种类似多点夹线法的多点倒垂系统,可以利用同一根倒垂线测出各测点的水平位移。

　　为了测定垂线相对于观测墩在 X、Y 方向坐标值的变化,可利用垂线坐标仪来测定。垂线坐标仪一般分光学垂线坐标仪和电测垂线坐标仪两大类。光学垂线坐标仪结构较简单,性能稳定,价格便宜,但难以实现观测自动化。垂线监测自动化是国内外坝工专家们致力研究的内容。近 20 多年来,随着技术的进步,遥测垂线坐标仪由接触式发展到非接触式。非接触式坐标仪从步进马达光学跟踪式发展到步进马达传感器跟踪式以及光电二极管编码式。特别是感应式垂线坐标仪的研制生产,为垂线遥测自动化提供了较为理想的监控手段。

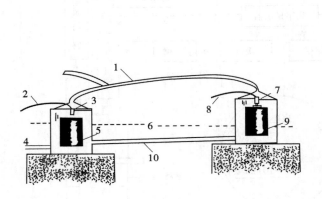

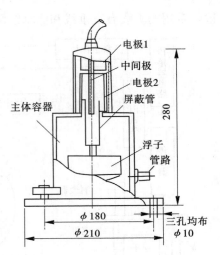

1—连接管(空气);2、8—电缆;3、7—弦式传感器;

4、10—连接管(液体);5、9—圆柱状浮筒;6—水位

图 3-32　钢弦式多点静力水准系统

图 3-33　钢弦式多点静力

水准系统　（单位:mm）

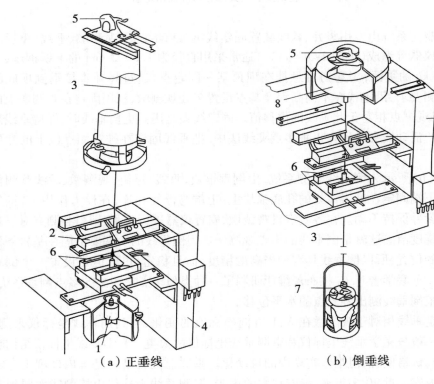

（a）正垂线　　　　　　　　　　　（b）倒垂线

1—重锤;2—垂线坐标仪;3—垂线;4—观测墩;5—卷扬机;6—线夹;7—倒锤锚块;8—浮筒

图 3-34　垂线坐标仪观测系统结构示意图

图 3-35 为正垂线装置示意图,图 3-36 为倒垂线装置示意图。

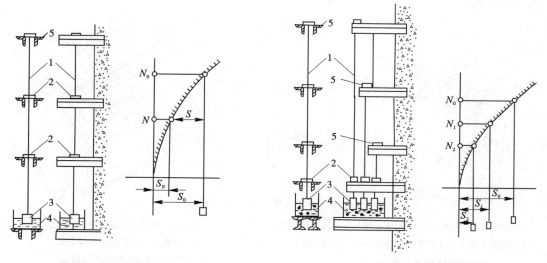

（a）正垂线一点支承多点观测装置示意图　　（b）正垂线多点支承一点观测装置示意图

1—垂线;2—观测仪器;3—垂球;4—油箱;5—支点

图 3-35　正垂线装置示意图

常见的垂线坐标仪有以下几种:步进电机光电跟踪式垂线坐标仪,电容感应式垂线坐标仪,电磁差动式遥测垂线坐标仪,差动电感式垂线坐标仪,光学垂线坐标仪,CCD 光电遥测垂线坐标仪。

3.3.11　引张线仪

引张线仪是用于监测大坝安全的仪器,与安装在直线型坝上的引张线装置相配合,可测量坝体沿上下游方向的水平位移。双向引张线还可同时监测垂直位移。仪器结构简单,适应性强,易于布设,测量不受环境影响,观测精度高。因此,得到了普遍应用,技术发展较快。

引张线用一条不锈钢丝在两端挂重锤,或一端固定另一端挂重锤,使钢丝拉直成为一条直线,利用此直线来测量建筑物各测点在垂直于该线段方向上的水平位移。引张线一般在两端点以倒垂线为工作基点。引张线测量系统由端点、测点、测线、保护管和测读仪等部分组成。

引张线的端点结构由混凝土墩座、夹线装置、滑轮和重锤等部件组成,如图 3-37 所示。

测线通常采用直径为 1 mm 左右的不锈钢丝,钢丝要求表面光滑、粗细均匀和抗拉强度大。

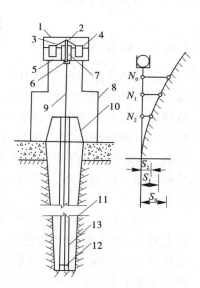

1—油桶;2—浮子连杆连接点;
3—连接;4—浮子;5—浮子连杆;
6—夹头;7—油桶中间空洞部分;
8—支承架;9—不锈钢丝;10—观测墩;
11—保护管;12—锚块;13—钻孔

图 3-36　倒垂线装置示意图

观测点由浮托装置(水箱、浮船)、保护管、读数尺(或测读仪)及托架等部件组成,如图 3-38 所示。

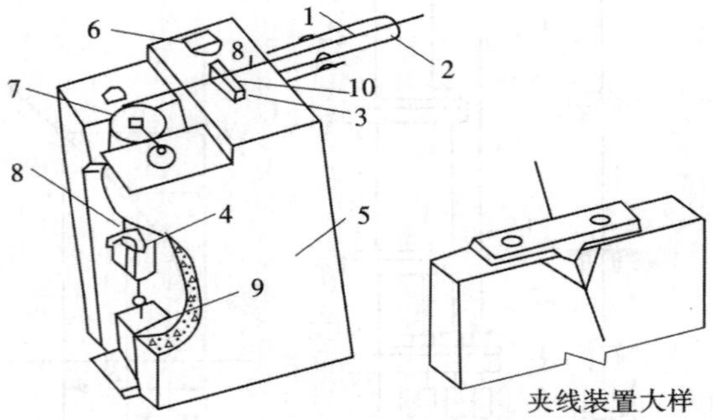

1—引张线;2—保护管;3—夹线装置;4—线锤连接装置;5—混凝土墩;6—仪器座;7—滑轮;8—引张线钢丝;9—重锤;10—V 形槽

图 3-37 引张线端点结构

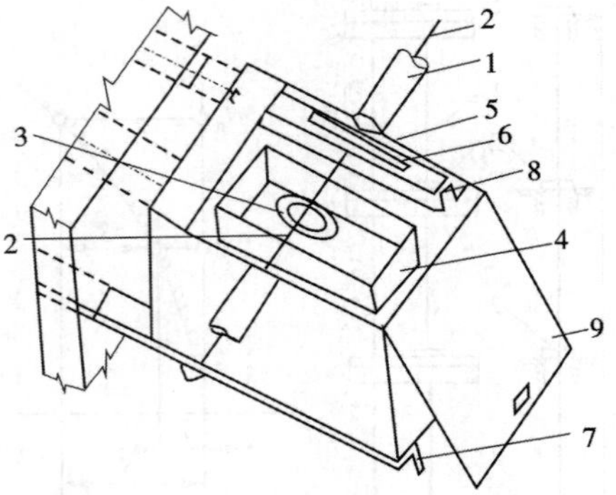

1—保护管;2—引张线;3—浮船;4—水箱;5—保护箱;6—读数尺;7—托梁;8—槽钢;9—箱盖

图 3-38 引张线观测点结构

3.4 内观仪器

3.4.1 应变计

建筑物及基岩内部应力应变观测的目的在于了解其应力的实际分布,求得最大拉应力、压应力和剪应力的位置、大小及方向,核算是否超越材料强度的允许范围,以便估量建筑物强度的安全程度。但是观测混凝土应力是个十分复杂的技术难题,至今人们还没有研制出能直接观测混凝土拉应力、压应力的实用而有效的仪器。因此,长期以来,混凝土应力应变的观测主要还是利用应变计观测混凝土应变,再通过力学计算求得混凝土应力分布。所以,从某种意义上说,应变计是混凝土应力应变观测的重要手段。

常用的应变计有埋入式应变计、无应力式应变计和表面应变计。按工作原理分,有差动电阻式、钢弦式、差动电感式、差动电容式和电阻应变片式等。国内多采用差动电阻式应变计,配合埋设无应力应变计,进行混凝土应力应变观测。差动电阻式应变计经国内近 40 年长期使用,是一种性能可靠的仪器。近年来也使用钢弦式应变计,它与其他形式的应变计相比,长期稳定性较好,分辨率高,且不受传输电缆长度的影响。

3.4.1.1 差动电阻式应变计

应变计用于埋设混凝土内或表面观测其应变,也可用来测量浆砌块石圬工建筑物或基岩内的应变。通过改装,还可用于测量钢板应力。应变计可以同时兼测埋设点的温度。差动电阻式应变计主要由电阻传感器部件、外壳和引出电缆三部分组成,如图3-39所示。

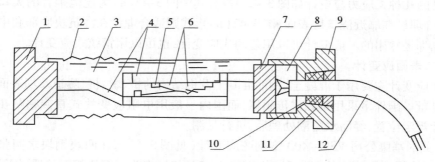

1—上接座;2—波纹管;3—中性油室;4—方铁杆;5—高频瓷子;6—电阻钢丝;
7—接线座;8—密封室;9—接座套筒;10—橡皮圈;11—压圈;12—引出电缆

图 3-39 差动电阻式应变计结构示意图

3.4.1.2 钢弦式应变计

直接埋入混凝土内的钢弦式应变计,通常用于测量基础、桩、桥、坝、隧道衬砌等混凝土的应变值。

钢弦式应变计主要由端头、应变管、钢弦、电磁激励线圈和引出导线等组成。低弹模混凝土使用的应变计的应变管多采用波纹管(见图 3-40),高弹模混凝土用的应变计则采用薄壁钢管作为应变管(见图 3-41)。

3.4.1.3 无应力应变计

混凝土由于温度、湿度以及水泥水化作用等原因产生"自由体积变形",实测混凝土自由体积变形的仪器称为无应力应变计,简称"无应力计"。用锥形双层套筒,使埋设在内筒中混凝土内的应变计,不受筒外大体积混凝土荷载变形的影响,而筒口又和大体积混凝土连成一体,使筒内与筒外保持相同的温湿度。这样内筒混凝土产生的变形,只是由于温度、湿度和自身原因引起的,而非应力作用的结果。因此,内筒测得的应变即为自由体积变形造成的非应力应变,或称自由应变。

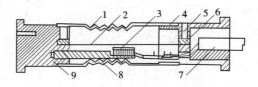

1—波纹管;2—钢弦;3—电磁激励线圈;4—端头 1;
5—止头螺钉;6—紧销;7—导线;8—线圈架;9—端头 2

图 3-40 波纹管应变传感器

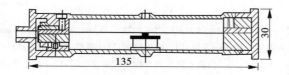

图 3-41 薄壁钢管型应变传感器

常见的几种无应力应变计如图 3-42 所示,其中图 3-42(a)为规范推荐的大口向上的形式,适合埋设在靠近浇筑层表面;图 3-42(b)形式则适合埋设在浇筑块底部和中部。其他几种也都是常用的。应变计可以用差动式应变计,也可以用钢弦式应变计。

3.4.1.4　表面应变计

表面应变计主要用于混凝土、钢筋混凝土及钢结构的桥、墩、桩、隧道及坝表面的表面应变的测量。国外多采用钢弦式传感器,而国内一般用电阻应变片式直接粘贴在结构物表面设计规定位置,经防水防潮处理后,进行量测。

(1)美国基康公司 VSM-400 型钢弦应变计(见图 3-43),在两块钢块之间张拉一根钢弦,把钢块焊接在待测的钢表面,当表面产生变形时,将改变钢块相对位置,钢弦的张力也发生相应变化,用电磁线圈激发钢弦振动并测出共振频率,即求得表面应变大小。

(2)点焊型钢弦式应变计。把预先受一定应力的钢弦点焊在一块薄钢片上(见图 3-44(a))或两块钢片上(见图 3-44(b)),钢片用点焊或环氧方法固定在被测钢件或混凝土表面。用覆盖式感应线圈盒放在钢弦上,通电使线圈盒内电磁线圈激振钢弦,测出弦的振动频率,由读数仪把频率变化转换为应变变化并显示出来。

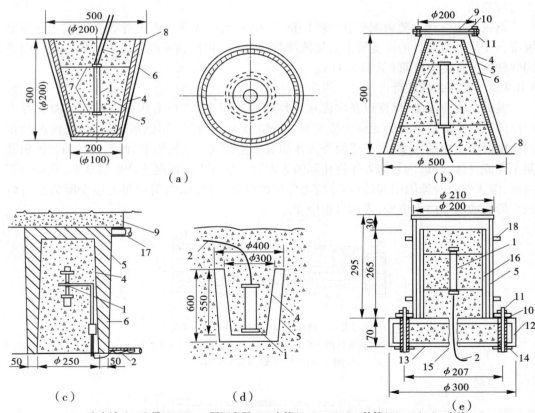

1—应变计;2—电缆;3—5 mm 厚沥青层;4—内筒(0.5 mm);5—外筒(12 mm);6—空隙;
7—铅丝拉线;8—周边焊接;9—盖板;10—橡皮垫圈;11—螺栓;12—钢筋;13—预制混凝土板;
14—钢管;15—不封口;16—白铁皮筒涂沥青橡皮或油毡二层;17—排水管;18—钢筋把手

图 3-42　几种无应力应变计　(单位:mm)

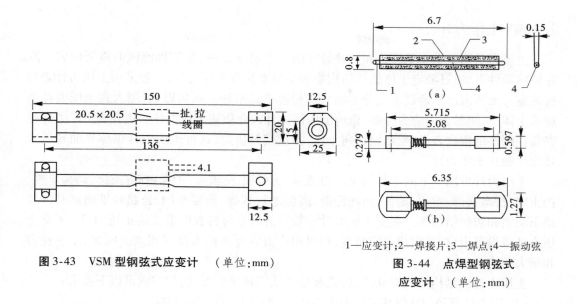

图 3-43　VSM 型钢弦式应变计　（单位：mm）

1—应变计；2—焊接片；3—焊点；4—振动弦

图 3-44　点焊型钢弦式
应变计　（单位：mm）

3.4.2　混凝土应力计

混凝土应力计埋设在混凝土水工建筑物或其他大体积的混凝土建筑物内，可直接测量混凝土内部压应力，并可同时兼测埋设点的温度。

混凝土应力计由感应板组件和差动电阻式传感部件组成（见图 3-45）。

传压液体将受压面板上感受的混凝土压应力传递到感应背板上，感应背板产生变形推动传感部件，差动电阻式感应组件把背板的挠性位移转换成钢丝电阻值差动变化；用测读仪表接收电阻比变化量和电阻值，就可计算出压应力和混凝土温度。

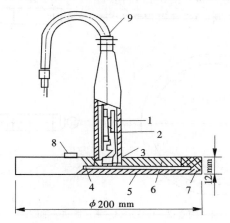

1—传感部件；2—电阻钢丝；3—中性油；4—传压液体；
5—面板；6—背板；7—护圈；8—封闭螺丝；9—引出电缆

图 3-45　混凝土应力计结构

3.4.3　土压力计

土压力观测是土力学理论和试验研究的一个重要方面,是工程测试的重要内容。除在特定条件下,通过测定土体支撑结构物的变形来换算土压力外,一般采用土压力计来直接测定。土压力计按埋设方法分为埋入式和边界式两种。顾名思义,埋入式土压力计是埋入土体中,测量土中应力分布,也称土中压力计或介质式土压力计。边界式土压力计是安装在刚性结构物表面,受压面面向土体,测量接触压力,这种土压力计也称界面式压力计或接触式土压力计。

土压力计可用于下列工程的土压力测量:土石坝、防波堤、护岸、挖方支撑、码头岸壁、挡土墙、桥墩基础、隧道、地铁、机场跑道、高层建筑基础、油罐基础、公路和铁路路基以及地下洞室和防护结构等。单支土压力计一般只能测量与其表面垂直的正压力,3~4 支土压力计成组埋设,相互间成一定角度,即可用应力状态理论求得观测点上的大、小主应力和最大剪应力。

土压力计的结构形式有立式、卧式和分离式三种结构形式,均应满足以下要求:

(1)压力计直径(D)与其工作面中心挠度(δ)之比:$D/\delta > 2\,000$。

(2)压力计直径(D)与其厚度(H)之比:$D/H > 10 \sim 20$。

(3)压力计刚度要大,其等效模量大于土的 5~10 倍。

(4)压力计工作面受力产生的过程应尽量接近于平移过程,却只对受力方向的力反应灵敏,而不受侧向压力的影响。

土压力计按照传感器的不同,有钢弦式、差动电阻式、电阻应变片式、电感式和变磁阻式之分,按照结构形式,又有立式、卧式和分离式之分。几种常见的土压力计如图 3-46 ~ 图 3-48 所示。

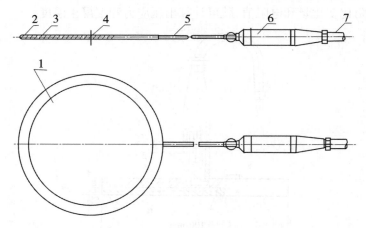

1—膜盒;2—橡皮边;3—承压膜;4—油腔;
5—连接管;6—传感器;7—屏蔽电缆

图 3-46　钢弦式土压力计结构示意图(埋入式)

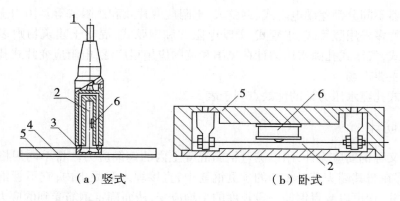

（a）竖式　　　　　　　（b）卧式

1—屏蔽电缆;2—钢弦;3—压力盒;4—油腔;5—承压膜;6—磁芯

图 3-47　钢弦式土压力计结构示意图（边界式）

（a）YUA 型土压力计结构简图

1—护圈;2—压力盒体;3—传压油;4—传压管;5—二次膜;6—感应组件;7—引出电缆

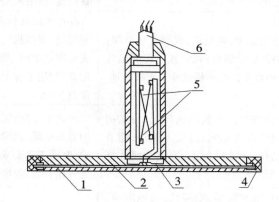

（b）YUB 型土压力计结构简图

1—受压板;2—传压油;3—二次膜;4—护圈;5—敏件;6—引出电缆

图 3-48　差动电阻式土压力计

　　土压力计的工作原理,这里以分离式土压力计为例说明。当土压力作用于压力盒承压膜时即产生微小挠性变形,使油腔内液体受压,因液体不可压缩特性而产生液体压力,通过接管传到压力传感器的受压膜即二次膜上,或使刚弦式传感器的自振频率发生变化,或使差动式传感器的电阻比和电阻值发生变化。对电阻应变片式传感器而言,则使四个桥臂的电阻发生变化。通过测读仪表测出相应的变化值,经换算计即可求得所测土压力值。

3.4.4　孔隙水压力计

　　孔隙水压力计有多种形式,一般分为竖管式、水管式、气压式和电测式四大类。电测式又依传感器不同分为差动电阻式、钢弦式、电阻应变片式和压阻式等。国内土石坝和其他土工结构物多采用竖管式、水管式、差动电阻式和钢弦式,混凝土建筑物则多用差动电阻式和钢弦式,气压式孔隙水压力计在美国和英国应用很广泛;电阻应变片式孔隙水压力计日本则是主要市场。

各种形式孔隙水压力计的优缺点列于表3-2。

3.4.5 钢筋计

钢筋计又称钢筋应力计,用以测量钢筋混凝土内的钢筋应力。将不同规格的钢筋计两端对接,焊在与其端头直径相同的预测钢筋中,直接埋入混凝土内;它不管钢筋混凝土内是否有裂缝,均可以测得钢筋一段长度的平均应变,从而确定钢筋受到的应力。常用的钢筋计有差动电阻式和钢弦式两种(见图3-49)。

表3-2 各种孔隙水压力计的性能比较

孔隙水压力计类型	优点	缺点
竖管式测压管式	构造简单,观测方便,测值可靠,无需复杂的终端观测设备;使用耐久,无锈蚀问题;有长期运行记录	埋设复杂,钻孔费用高,易受施工干扰破坏;存在冰冻问题;竖管套管要尽量竖直放置,易堵塞失效;有时响应较慢
水管式双水管式	有长期使用记录,响应快,观测直观可靠;能利用观测井集中测量;双管式还可测出负孔隙压力;相对竖管式不易受施工干扰破坏	存在冰冻及与水有关的微生物滋生堵塞问题,要用脱气水定期排气,长期运行失效率达30%;要在下游设观测井,费用高,与施工有干扰,高程不能高过测头位置5~6 m
差动电阻式	长期稳定性较好,有长期运行记录;结构牢固不受埋设深度影响;施工干扰小,能遥测实现自动化,无冰冻问题,测读方便并能兼测温度	内阻小,对电缆长距离传输要求高,要用五芯电缆,消除电缆电阻对测值的影响;制造工艺要求高;小量程的精度低,无气压补偿,温度修正系数不稳定
钢弦式	读数方便,维护简易,响应快,灵敏度高;能测负孔隙压力,能遥测实现自动化;测头高程与观测井高程无关,无冰冻问题;输出频率信号可长距离传输,电缆要求较低,使用寿命长	偶有零点漂移,有时会停振,对气压敏感,室外须有防雷击保护
电阻应变片式	响应快,灵敏度高;可长距离传输,易实现遥测自动化;加工制作简单,无冰冻问题;测头高程与观测井高程无关;能测负孔隙压力,适宜动态测量	对温度敏感,有零点漂移危险;对温度电缆长度和连接方式的改变敏感;对长期稳定性有疑义
气压式	测头高程与观测井高程无关,无冰冻问题;响应快,易于维护,测头费用低;可直接测出孔隙压力值	须防止湿气进入管内;使用时间较短,需要熟练操作人员

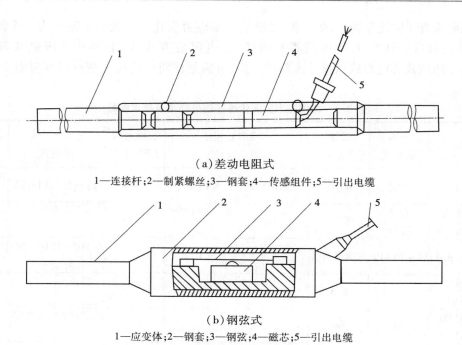

（a）差动电阻式
1—连接杆；2—制紧螺丝；3—钢套；4—传感组件；5—引出电缆

（b）钢弦式
1—应变体；2—钢套；3—钢弦；4—磁芯；5—引出电缆

图 3-49　钢筋计结构示意

3.4.6　温度计

按照规范的要求，水库蓄水后，要进行气温和水温的观测，了解其变化对建筑物性态的影响。另外，混凝土建筑物在浇筑过程中，由于水泥的水化热而发生温升，大体积混凝土通常在浇筑后 7～20 d 达到峰值温度，薄壁结构或采用人工冷却的结构中，一般浇筑 2～6 d 即达到峰值温度。其后温度缓慢下降，控制温度变化速率可减少混凝土开裂的可能性。为此，还要对混凝土坝体的温度进行观测（许多测量应力和应变的仪器也能兼测温度）。

3.4.6.1　气温测量仪器

通常在百叶箱内设直读式温度计、最高最低温度计或自记式温度计，需要时可增设干湿球温度计。

3.4.6.2　水温测量仪器

规范规定在坝前水位测点附近设置固定水温测点（水面下 1 m）。在坝前或泄水建筑物进水口前设置水温测量的固定断面。每断面设 3 条测温垂线。每条垂线至少在水面下 20 cm 处、1/2 水深处和接近水库底部定 3 个测点。温度测量采用深水温度计、半导体水温度计、电阻温度计等。

常用电测温度计有电阻温度计、钢弦式温度计、热敏电阻式温度计、热电偶式温度计、电阻应变片式温度计。

3.4.7　岩体应力计

为观测岩体应力（初始应力和二次应力）及其变化，需布设岩体应力观测仪器。该仪器是观测垂直于钻孔平面内的一维、二维或三维应力变化。一般一个钻孔为一个测点。目前用来测量岩体应力的传感器有钢弦式、电阻应变片式、电容式和压磁式等(见表3-3)。压磁式和电容式已设计出新的产品,可满足在同一钻孔中进行多点应力变化的测量。

表3-3　岩体应力监测传感器型号规格及技术参数

名称	一维钢弦式	二维钢弦式	三维空心包体电阻应变片式		二维电阻应变片式	二维、三维压磁式		二维电容式
型号	4300	4350	CSIROHI	KX-81	Yoke	YJ-81	YJ-92	RYC-2
测量范围 (MPa)	拉3 压70	压190	100	0~±19 999 (με)				
分辨率(με)	14~70 kPa	与弹模有关	1	1	1	0.005~0.02 MPa 与弹模有关		0.1
精度 (%FS)		0.5						
测量孔深 (m)	30	60						
适用孔径 (mm)	37~77	60	38		56~60	36		
测点数	1孔1点		1孔1~2点	1孔1点	1孔3点	1孔1点		1孔1点
工作温度 (℃)		-30~65	5~50					
说明	可长期监测					可长期监测		
生产单位	美国 Geokon 公司		加拿大 RST 公司	中国科学院 地质力学所	澳大利亚	地矿部地壳应力研究所		

3.4.7.1　钢弦式传感器

1)二维钢弦式传感器

二维钢弦式传感器用于监控垂直于钻孔平面内的二维应力场(主要为压应力场)。这类仪器主要有美国 Geokon 公司生产的4350型二维钢弦式应力计,是刚性应力传感器,通过灌浆埋设在钻孔中,一个钻孔一般装一个测点。

2)一维钢弦式传感器

一维钢弦式传感器用于监控垂直于钻孔平面内某方向的应力变化。这类仪器主要有美国 Geokon 公司生产的4300型一维钢弦式应力计,是刚性应力传感器,通过加压装置固定于钻孔孔壁上,钻孔直径为37~77 mm,最大埋设深度为30 m,每个钻孔一般装设一个测点。

3.4.7.2　电阻应变片式传感器

1)三维应力传感器

三维应力传感器主要有 CSIROH1 空心包体电阻应变片式传感器,可监控钻孔周围拉、压二维应力变化,是柔性传感器,主要用于岩体初始应力测量,20 世纪 70 年代后期在澳大利亚将这类传感器用于应力变化监控(已有 500 多天的应力现场监测资料),这种传感器适用于直径为 38 mm 的钻孔,每个钻孔可安装 1 ~ 2 测点。

　　2)二维应力传感器

　　二维应力传感器有澳大利亚研制的 Yoke 式应变计,可用于监控垂直钻孔平面内的二维应力变化,已有三年监测资料,钻孔孔径为 50 ~ 60 mm,每个钻孔可设 3 个传感器。

3.4.7.3　电容式传感器

　　电容式传感器主要有由地矿部地壳应力研究所研制的 RYC – 2 型中等灵敏度的钻孔应变应力计等,用于垂直钻孔平面内二维应力变化的监控。每个钻孔一般安装 1 个传感器,已应用于地震预报中的地壳应力变化长期监控,其稳定性较好。

3.4.7.4　压磁式传感器

　　压磁式传感器主要有由地矿部地壳应力研究所研制的 YJ – 81 型压磁式应力计和 YJ – 92 型压磁式应力计,可进行二维或三维应力测量。用于应力变化监控时,每个钻孔只能安装 1 个传感器,该仪器已应用于地壳应力变化的长期监控,具有长期稳定的性能。

3.4.7.5　利用岩石声发射技术测定岩体应力

　　岩石对受过的力具有记忆性,即所谓的"凯塞效应"。利用声发射的"凯塞效应"可测定岩体应力,其原理是:承受过应力作用的岩石,当再次加载时,如果该荷载没有超过以前的应力状态,此时没有或很少发生声发射现象;当施加的力超过原来曾受过的应力时,声发射现象将明显增加,其明显增加的起始点即为岩石的先存应力,即初始应力。应用"凯塞效应"在三维场中可测定岩石三维场的先存应力,就可确定岩体中的原始应力。这种方法在三峡、小浪底、龙门、大广坝和龙滩等水电工程中得到了应用,测得的地应力值和方向与现场应力解除法测得的应力值和方向基本一致,且岩体应力值偏高,这是因为声发射法测定的地应力值包含了构造应力所记忆的历史最大的岩体应力值,而现场应力解除法的测值只是现存的实际应力值。

3.4.8　锚杆测力计

　　用于水利工程的荷载或集中力观测的传感器,称为测力计。在水利工程中采用预应力锚杆加固时,为了观测预应力锚固效果和预应力荷载的形成与变化,采用锚杆测力计;在观测承载桩和支撑柱(架)的荷载时,也可使用此种测力计。

　　目前,常用的测力计有轮辐式测力计、环式测力计和液压式测力计三种,均带有中心孔。轮辐式测力计

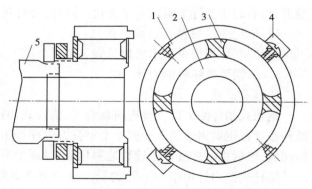

1—外环;2—内环;3—轮辐(贴应变片处或装传感器);
4—电缆装口;5—传力环

图 3-50　轮辐式测力计示意图

(见图 3-50)由内外两个钢环与四个轮辐连为一体,辐内装有应变计。环式测力计(见图3-51)由工字形钢环形成缸体,在环内 4 个对称位置安装 4 个应变计。液压式测力计

（见图 3-52）由压力表或传感器和一个充满液体的环形容器组成。

另外，按所采用的传感器不同，有差动电阻式、钢弦式和电阻应变片式等数种测力计。

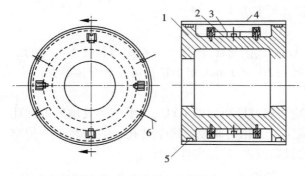 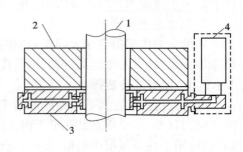

1—荷载传感器缸体；2—缸体的四个磨平面；3—应变计；
4—外罩；5—O 形密封圈；6—平头螺钉

图 3-51　环式测力计装配示意

1—锚索；2—均衡垫圈；3—盛有液体
的高压容器；4—压力表或传感器

图 3-52　液压式测力计断面示意

3.4.8.1　差动电阻式锚杆测力计

1）用途

差动电阻式锚杆测力计应用于预应力锚栓、锚索的张拉应力的测量和监测锚束的破断。

2）结构形式

锚杆测力计由测压钢筒及其四周均布的四支 DI－10 型差动电阻式应变计组成，应变计组成全桥测量线路，由单根电缆线输出，电缆线从保护套筒内引出。

3）工作原理

当钢筒承受荷载产生轴向变形时，钢筒均布的四支差动电阻式应变计也与钢筒同步变形，应变计的电阻比变化与承受的荷载成正比；同时，环境温度变化所产生的热胀冷缩变形，也引起应变计电阻比发生变化。因此，要对观测值进行温度修正。

4）产品型号、规格及技术参数

产品型号、规格及技术参数见表 3-4。

3.4.8.2　钢弦式锚杆测力计

1）结构原理

钢弦式锚杆测力计主要有荷载盒式、锚杆式和锚栓式三种。荷载盒式测力计是由钢筒和布置在钢筒周边的 3 个或 6 个钢弦式应变计组成，用应变计来测读作用在荷载盒上的荷载，然后把各应变计的读数取平均值，以减少不均匀和偏心荷载的影响。

锚杆式测力计由带中心孔的受力盒与分离式钢弦传感器组成，中心孔可配串 10～200 mm 直径、15～4 500 kN 任意量程的锚杆作应力监测，由钢弦式传感器的频率输出来测定。

美国基康公司生产一种两端带螺纹的锚栓测力计，通过高强度螺杆接头和待测的锚锤连接，使锚栓测力计承受的荷载与其相连的锚栓所受的荷载相同；还有一种锚栓测力计，是在岩栓中心埋入微型钢弦式应变计用来监控岩栓安装后的应变，求出相应的荷载。

2）型号、规格及技术参数

国内外主要厂家生产钢弦式锚索（杆）测力计的型号、规格及主要技术参数列于表 3-4。

表 3-4　国内外锚索（杆）测力计型号、规格及技术参数

类别	差动电阻式		电阻应变片式						钢弦式					电感式
型号	MS-5	LC	BLR-1	BL	KC-M	5130	SGA	3000	4900	4910 4912	GML	GMS	X-82150	JXL
结构形式	轮辐	轮辐		环形	环形	环形	环形	环形	荷载盒	锚栓	锚杆	锚索		轮辐
中心孔直线(mm)	90	140~280		26~120	15~150	22~104	16~280	25~125			10~45	45~200		
荷载容量(Tf)	50~500	1 000 kN 3 000 kN 6 000 kN	1 000 kN	0.5~300	5~500	50~300	26~270	45~272	45~500	500 MPa	10~100 kN	100~4 500 kN	1 500 kN	2 300 kN
最大荷载(%)	120	120	120	150	200	200			150					
精度(%FS)		2	1~2	1	0.5	0.5	0.5			±1	1.5	1.5	1	2.5
灵敏度(%FS)	<0.55 T/0.01%		0.1					4.5~45 kg	0.01	70 kPa	0.15	0.15	300~700 kg/Hz	0.2
激励电压(V)				2~20	1~10									
额定输出电压(mV/V)				>1	1.5±10%	2.5±10%	±2							
桥电阻(Ω)				350	350									
工作温度(℃)	−25~60	−10~50	−20~70	−10~60	−20~70	−40~40			−40~75	−30~35	−40~60	−40~60	0~50	−10~50
生产单位	南京电力自动化设备总厂	柳州建筑机械厂		日本共和电业株式会社	日本东京测器株式会社	美国 Sinco 公司	加拿大 RST 公司	美国 Geokon 公司			丹东三达测试仪器厂	南京水利科学研究院	丹东电气仪表厂	奥地利 Interfels 公司

3.4.8.3　电阻应变片式锚杆测力计

1）结构原理

电阻应变片式锚杆测力计是用一种高强度钢或不锈钢圆筒，沿周边粘贴 8~16 片高输出电阻应变片构成惠斯通全桥结构；当受荷载时，全桥输出阻值发生变化，用以测量其压缩或张拉的荷载。电阻应变片的上述布置可补偿温度影响和偏心加载。

2）型号、规格及技术参数

国内外主要厂家生产的电阻应变片式锚杆测力计的型号、规格及主要技术参数列于表 3-4。

3.5　环境量监测仪器

水库建成后，由于水文条件的改变，对大坝、基岩、坝肩、岸坡及地下建筑物的工作状态都会产生很大影响。特别是蓄水以后，对大坝产生了水压荷载，并在上下游水位差的作用下,对坝体、坝基和绕坝产生渗流。因此,按照有关规范的要求,需设置必要的仪器设备对水位和渗流量进行观测。

3.5.1 水位观测仪器

水位观测分地表水位观测和地下水位观测两部分。水位观测常用的仪器设备有水尺、电测水位计和遥测水位计等。

3.5.1.1 水尺

水位最直观的测读装置就是水尺,常用的水尺有直立水尺和倾斜水尺。

1)直立水尺

直立水尺一般分木质和搪瓷两种。木质水尺宽 10 cm,厚 2~3 cm,长 1~4 m,表面用红白蓝或红黄黑油漆划分格距,每格间距为 1 cm,每 10 cm 和每米处标注数字。搪瓷水尺宽 7 cm,长 1 m,尺面是白底蓝条或白底红条分格距并标注数字。水尺钉在桩上,并面对库岸以便观测。水尺的观测范围要高于最高水位和低于最低水位各 0.5 m。因此,常需设置一组水尺,相邻水尺间应有 0.1~0.2 m 的重合(见图 3-53)。

2)倾斜水尺

倾斜水尺安置在库岸斜坡上,适用于流速大的地方,如图 3-54 所示,水尺上的刻度是先用水准仪测量每米水位标记线的位置,再把相邻两条米标记线间距离等分 100 格距,并用油漆划分线条标上数字。

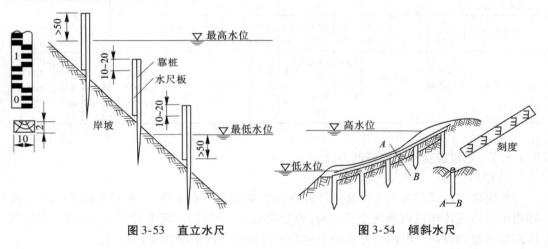

图 3-53　直立水尺　　　　　　　图 3-54　倾斜水尺

3.5.1.2 电测水位计

电测水位计适用于测压管、钻孔、井体和其他埋管中低于管口的水位或地下水位的测量。

电测水位计由测头、电缆、滚筒、手摇柄和指示器等组成。典型结构有提匣式(见图 3-55(a))和卷筒式(见图 3-55(b))。

电测水位计是根据水能导电的原理设计的,当探头接触水面时两电极使电路闭合,信号经电缆传到指示器及触发蜂鸣器和指示灯,此时可从电缆或标尺上直接读出水深。

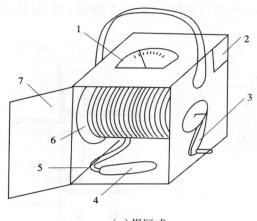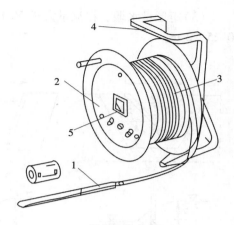

（a）提匣式　　　　　　　　　　　　　　　（b）卷筒式

1—指示器;2—电池盒;3—手摇柄;4—测头;　　　1—测头;2—卷筒;3—两芯刻度标尺;

5—电线;6—滚筒;7—木门　　　　　　　　　　　　　4—支架;5—指示器

图 3-55　电测水位计结构示意

3.5.1.3　遥测水位计

1）浮子式遥测水位计

浮子式遥测水位计用做江河、湖泊、水库、河口、渠道、地下水、船闸、大坝测压管及各种水工建筑物的水位测量,也可供闸门开度及其他液体测深、测距等参数测量。

浮子式遥测水位计品种很多,但基本结构大同小异,主要由水位感应、水位传动、编码器、记录器和基座等部分组成。

2）传感器式遥测

传感器式遥测在江河、湖泊、水库、地下水及其他天然水体中,无需建造水位测井,可实现水位远传显示和定时记录。对于小孔径以及水位深埋超过数十米甚至数百米的地下水位变化测量,更能突出其优点。

3.5.2　渗流量观测仪器

大坝蓄水之后,需对通过坝体、坝基和两岸绕坝渗流的渗漏水的流量进行观测。绕坝渗流一般通过布置在绕流线或沿着渗流较集中的透水层中的测压孔来观测其水位变化。本节主要介绍通过坝体和坝基的渗透流量的观测仪器。

3.5.2.1　量水堰

量水堰适用于渗流量 1 ~ 300 L/s 范围。量水堰一般设在导渗沟或排水沟的直线段上。采用一定形状的量水堰,在无压稳流条件下测得堰顶水位高低,运用相应的量水堰流量计算公式即可算得渗流量。

常用量水堰有直角三角形量水堰、梯形量水堰和矩形量水堰,如图 3-56 所示。

（1）直角三角形量水堰。适用于流量为 1 ~ 70 L/s,堰上水头 H 为 50 ~ 300 mm。

（2）梯形量水堰。适用于流量为 10 ~ 300 L/s,一般常用 1 : 0.25 的边坡。底边（短）b 应小于 3 倍堰上水头 H,为 0.25 ~ 1.5 m。

（3）矩形量水堰。在流量大于 50 L/s 时采用,堰口宽度 b 为 2 ~ 5 倍堰上水头 H,为 0.25 ~ 2 m。

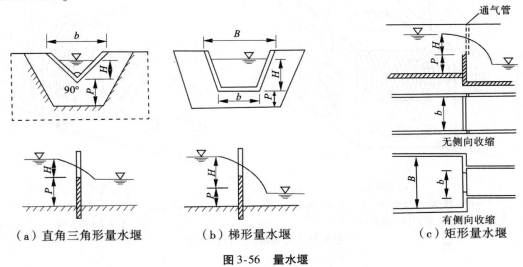

（a）直角三角形量水堰　　　（b）梯形量水堰　　　（c）矩形量水堰

图 3-56　量水堰

3.5.2.2　FL - 1 型堰槽流量仪

FL - 1 型堰槽流量仪用于堰或槽内水流量测量,可以遥测,也可以人工目测。

如图 3-57 所示,堰壁的堰口采用三角形、矩形或梯形,利用浮子自动监测三角堰水位,通过三角堰的流量公式,求得渗流量的大小。仪器由保护筒、浮子、导向装置、传感器、电路盒、数字显示仪及量水堰组成。

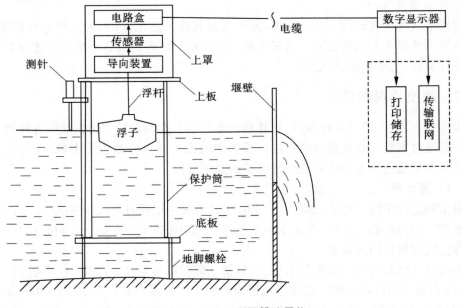

图 3-57　FL - 1 型堰槽流量仪

3.5.2.3   YL 型量水堰渗流量仪

YL 型量水堰渗流量仪用于测量设置在坝体、坝基和基岩等各部位量水堰中的水头变化及自动遥测大坝渗漏状况。

YL 型量水堰渗流量仪由量水堰和差动电容感应式液位传感器组成,如图 3-58 所示,通过测量堰上的水位变化,从而求得渗流量。

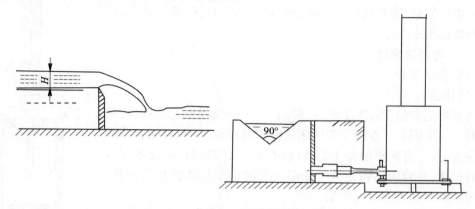

图 3-58   YL 型量水堰渗流量仪示意图

依据堰形要求,在堰体前 $3H$ 处引一水管,接入量水堰渗流量仪的容器内。量水堰渗流量仪的主体上、下位置安装有两只圆筒,主体容器内浮子中间装有一中间极,当堰上水位变化时,则浮子带动中间极在两只圆筒板中差动变化,测出差动电容的比值,即可测得水位变化。根据堰形可计算出渗流量。

3.5.2.4   超声波流量计

这是国内外近年采用的一种新的流量监测仪器。长沙电子仪器厂生产的 SP – IB 型超声波流量计安装在孔口;日本 Fusi 电子公司生产的 FL13 型流量计则安装在管壁上,对管内流量无阻力,可远距离测量,但价格较高。此外,东南大学也有类似产品。

3.5.3   温度测量仪器

按照规范的要求,水库蓄水后要进行气温和水温的观测,了解其变化对建筑物性态的影响。另外,混凝土建筑物在浇筑过程中,由于水泥的水化热而发生温升,大体积混凝土通常在浇筑后 7 ~ 20 d 达到峰值温度,薄壁结构或采用人工冷却的结构中,一般浇筑后 2 ~ 6 d 即达到峰值温度。其后温度缓慢下降,控制温度变化速率可减少混凝土开裂的可能性。为此,还要对混凝土坝体的温度进行观测(许多测量应力和应变的仪器也能兼测温度)。

3.5.3.1   气温测量仪器

通常在百叶箱内设直读式温度计、最高最低温度计或自记式温度计,需要时可增设干湿球温度计。

3.5.3.2   水温测量仪器

规范规定在坝前水位测点附近设置固定水温测点(水面下 1 m)。在坝前或泄水建筑物进口前设置水温测量的固定断面。每断面设 3 条测温垂线。每条垂线至少在水面下 20 cm 处、1/2 水深处和接近水库底部定 3 个测点。温度测量采用深水温度计、半导体水温度计、电阻温度计等。深水温度计如图 3-59 所示。温度计 1 的水银球部位于存水筒 2 内,仪器入水后,存水筒活门 3 受水顶托而开启,水涌入筒内,水满即从通水孔 4 溢出。上提仪器时,通水孔即被橡皮盖 5 封住,活门受压盖住底孔,提出水面即读出水温。

3.5.3.3　电测温度计

1)电阻温度计

（1）用途。

通常将电阻温度计置于坝体、隧洞、厂房等混凝土建筑物内,进行长期的温度测量。在施工期使用这些仪器,可以控制混凝土冷却系统的运行,并可测得混凝土温度随时间变化的关系,研究水泥水化热的机理,并对大体积混凝土中温度裂缝的形成条件作出评估,也可用做基岩和水的温度测量。

（2）结构形式。

电阻温度计由铜电阻线圈、引出电缆和密封外壳 3 部分组成,如图 3-60 所示。感温元件的铜电阻线圈是采用高强度漆包线按一定工艺绕制在瓷管上,并将 0 ℃时电阻值和电阻温度系数做成常数。外壳为紫铜管与引出电缆滚槽密封而成。

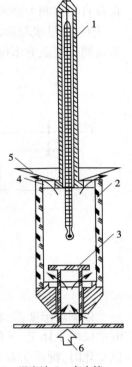

1—温度计;2—存水筒;
3—活门;4—通水孔;
5—橡皮盖;6—水力顶托

图 3-59　深水温度计

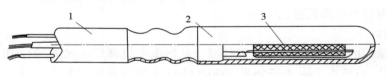

1—引出电缆;2—密封外壳;3—电阻线圈

图 3-60　电阻温度计

（3）工作原理。

电阻温度计的工作原理是基于铜线电阻随温度变化而变化的性质。将电阻温度计三芯引出电缆的白、黑两芯线与水工比例电桥白、黑接线柱相接,红芯线接于电桥的绿接线柱上,如图 3-61 所示,当温度变化时,电阻线圈的电阻值即随温度呈线性变化。将电桥"3、4"开关指向"4",接上电源开关,并旋转电桥可变臂旋钮 R,使检测指针重新指零。这时可变臂 R 的读数即为电阻 R_t。用下式可计算电阻温度计的温度值 t:

$$t = (R_t - R'_0)\alpha \qquad (3-6)$$

式中　R_t——t ℃时仪器的电阻值,Ω ;

　　　R'_0——0 ℃时电阻值,制造时做成常数,为 46.60 Ω;

　　　α——电阻温度系数,也作为常数,为 5 ℃/Ω。

2)钢弦式温度计

（1）用途。

与其他钢弦式应变计、渗压计配套使用,对混凝土、岩石和土体进行长期的温度测量。

（2）结构与原理。

由不锈钢传感体和与传感体连接的振弦元件组成,真空密封防水。该传感器是利用传感体与钢弦的温度膨胀系数不同的原理而制成的,其特点是结构简单、灵敏度高。其输出信号为频率。因此,信号的精度和稳定性不受由于浸水而引起的电缆电阻的变化、接触电阻的变化及温度变化的影响。

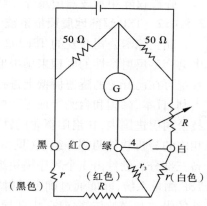

图 3-61　电阻温度计测量原理

3）热敏电阻式温度计

热敏电阻是用一种半导体材料制成的温度敏感元件,其电阻随温度变化而显著变化,并能将温度的变化直接转换为电量的变化。其特点是灵敏度高、体积小、性能较稳定和制作简单,易于实现远距离测量和控制。

4）热电偶式温度计

热电偶式温度计适用于测量大体积混凝土结构的温度,尤其适应施工期的短期温度观测,包括测量混凝土浇筑后最初几小时或几天的详细温度变化过程及靠近结构外表处温度的周期变化。

5）电阻应变片式温度计

由于电阻应变片的电阻值在不受外力作用下可随环境温度的改变而变化,故可利用这一特性将其做成温度传感器来测量温度的变化。该传感器可做成粘贴式（响应很快）,也可封装在金属管内,或组成全桥和应变计做成一体测定相对温度。

3.5.4　地震观测仪器

在地震区的大坝等建筑物上应设置强震仪,以观测其在地震时的振动反应情况,强震观测应与专门地震观测网点相结合。

采用爆破震动的方法,用地震仪测量人工激发的弹性波在地层中的传播规律,可以用来勘测地下地质构造、划分地层和求取岩体的物理力学参数。地震仪在测定岩体弹性力学参数方面,可测得弹性波运动学指标,如纵波速、横波速、波速比、振动频率、频率比、衰减截距和能量衰减率等,并可计算岩体结构和力学参数,如岩体完整性系数、泊松比、动弹性模量等。这些指标可为工程岩体分类、岩体质量和岩体稳定性评价等提供定量依据。此外,地震仪还可用于测试地下洞室围岩松动范围及二次应力分布研究,检查地基灌浆效果,验收基坑开挖,测定松散土层原位动力参数、横波速度,判别砂基液化的可能性。

3.5.4.1　强震仪

强震仪包括强震加速度仪和峰值记录加速度仪两部分,其测量物理量有质点振动位移、振动速度和振动加速度。

黄河小浪底工程引进了美国彼森 BISON 公司的 1575B 型地震仪和美国乔美特利（GEO – METRICS）公司的 ES – 125 型地震仪,用于坝址岩基的工程物探,并取得了较好的效果。

强震仪除用示波器记录外,现时已较普遍采用磁带记录器。

3.5.4.2　TSP 超前地质预报系统

瑞士徕卡公司开发的 TSP202 超前地质预报系统,是利用地震波在不均匀地质构造中会产生反射特性的原理来预报地下工程掘进面前方及周围邻近区域的地质状况的。该系统可在已开挖的隧道侧壁上进行探测,简便易行,不影响掘进面施工,在瑞士、法国、意大利、日本、韩国和台湾等地工程中已实际采用,并已由徕卡仪器有限公司和成都经纬科技公司引进国内,在洛阳新龙门铁路双线隧道中首次应用。该系统由测量设备(硬件)和相应的分析软件两部分组成(见图3-62)。硬件包括接收传感器、数据记录设备及起爆设备三部分。软件由 3 个程序模块组成,即数据库、波场分析和确定反射事件三部分。采用 TSP 测量系统,除能通过确定反射事件预报隧道前方和周围的地质变化外,还能获得地震波的纵波和横波传播速度,由此导出岩体的动弹性模量和泊松比等动态特性指标。

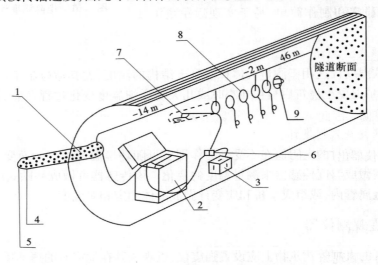

1—接收传感器;2—数据记录设备;3—起爆机;4—传感器安装钻孔(32 mm,深2.4 m);
5—固结砂浆;6—触发盒;7—雷管和炸药;8—微型爆破钻孔(19 mm,深1.5 m);9—塑料护管

图 3-62　TSP 测量系统

第 4 章　仪器埋设安装与监测实施方法

【本章内容提要】

（1）详细介绍监测仪器现场检验和率定的目的、内容与方法，其中重点介绍率定的方法；

（2）简单介绍监测仪器的安装埋设及其准备工作和后续工作；

（3）详细介绍监测实施方法，包括观测基准值和频率的确定，观测读数方法与成果图表绘制及监测报告。

4.1　监测仪器现场检验与率定

4.1.1　率定目的

监测仪器大多在隐蔽的工作环境下长期运行。仪器一旦安装埋设之后，一般无法再进行检修和更换。因此，对所有将予以埋设的仪器，必须进行全面的检验和率定。其主要的任务是：

（1）校核仪器出厂参数的可靠性。

（2）检验仪器工作的稳定性，以保证仪器性能长期稳定。

（3）检验仪器在搬运中是否损坏。

4.1.2　检验内容

监测仪器运到现场必须进行检验，具体检验的内容是：

（1）出厂时仪器资料参数卡片是否齐全，仪器数量与发货单是否一致。

（2）外观检查。仔细查看仪器外部有无损伤痕迹、锈斑等。

（3）用万用表测量仪器线路有无断线。

（4）用兆欧表测仪器本身的绝缘是否达到出厂值。

（5）用二次仪表试测一下仪器测值是否正常。

经检验，有上述缺陷者暂放一边，待以后详查。若发现有缺陷的仪器较多，应退货或与厂商交涉如何处理。

4.1.3　仪器率定方法

4.1.3.1　差动电阻式仪器率定

目前，我国使用的差动电阻式监测仪器主要有：大小应变计、钢筋计、测缝计、渗压计、温度计、应力计、土压计等，二次仪表均为水工比例电桥。率定的内容有最小读数（f）、温度系数（α）、绝缘电阻（防水能力）。各种仪器的具体率定方法如下。

1）差动式应变计率定

（1）最小读数（f）率定。

①率定设备及工具。大小校正仪各 1 台，水工比例电桥 1 台，活动扳手 2 把，尖嘴钳 1 把，起子 1 把，记录表（如表 4-1 所示）。

表 4-1　应变计率定记录

率定前自由状态		率定后自由状态		电桥编号	1#	0.5 级压力表编号		仪器型号	DI-250
电阻比	10 155	10 151		0 级千分表编号		万级试验机编号		仪器编号	99216
电阻值	78.12	78.27		0 级百分表编号		校正仪器编号	1#		

千分表读数	电阻比数值										
仪器受压状态											
−250	9 838	9 838	9 888	9 888	58	9 888					
−200					9 946	55	9 945				
−150					10 001	57	9 999				
−100					10 058	56	10 058				
−50					10 114	56	10 112				
仪器受拉状态											
0	10 170	10 169	20 170	10 169	10 170	10 169	10 170	10 169	10 170 / 56	10 169	10 170
+50					10 226	59	10 226				
+100					10 258	56	10 285				
+150	10 340		10 341		10 341		10 341		10 341		

$\Delta Z = Z_{max} - Z_{min}$	453		0 ℃冰水中	≥200		0 ℃		60 ℃		仪器使用参数		
$\Delta Z' = \Delta Z/n$	56.6	绝缘试验（MΩ）	60 ℃水中	≥200	温度试验	实测	计算	实测	计算	0 ℃电阻比 10 121	负温度系数 5.11
直线性次数	5		0.5 MPa 水中	≥200	R	75.87	75.80	88.64	88.59	R_0 计算值 75.80	灵敏度 3.53
重复性次数	1		试验时室温	≥500	Z	10 121		10 270		正温度系数 4.69	温度补偿系数 11.3

率定者：　　　　　　　　　　率定日期　　　　年　　月　　日

②率定准备。在记录表中填好率定日期、仪器名称、仪器编号、率定者姓名。按仪器

芯线颜色接入水工比例电桥的接线柱,测量自由状态电阻比及电阻值。将大应变计放入校正仪两夹具中,用扳手旋紧螺丝将两端凸缘夹紧。拧螺丝时,四颗要同时缓慢地进行,边紧螺丝边监视电阻比的变化。仪器夹紧时,电阻比读数与自由状态下电阻比之差值应小于 20(×0.01%)。否则,放松后重按上述进行。而后,将千分表放入固定支座内夹紧,但须注意让千分表活动伸缩杆以能自由移动为限。移动千分表支座,使千分表活动杆顶住仪器端面,并顶压 0.25 mm 之后,固定千分表支座,转动表盘使长针指零。摇动校正仪手柄,对仪器预拉 0.15 mm,回零再压 0.25 mm。这样往返 3 次之后,可正式进行率定。

　　③正式率定。开始时,千分表盘上的小针指 0.05 mm,长针指零。摇动校正仪手柄,每拉 0.05 mm 读一次电阻比,并记入表 4-1 内。拉 3 次后反摇手柄分级拉压。每级仍为 0.05 mm 读一次。再继续反摇手柄,使仪器压 0.05 mm 读一次电阻比,照此继续使仪器压至 0.25 mm 后又分级退压直到回零。完成一个循环的率定,即可结束该支应变计的率定。取下仪器,测量率定后自由状态电阻比及电阻值。小应变计率定步骤同上,拉伸范围为 0.06 mm,压缩范围为 0.12 mm。

　　④率定后最小读数的计算:

$$f = \frac{\Delta L}{L(Z_{max} - Z_{min})} \qquad (4-1)$$

式中　ΔL——拉压全量程的变形量,mm;

　　　　L ——应变计标距长度,mm;

　　　　Z_{max}——拉伸至最大长度时的电阻比,0.01% ;

　　　　Z_{min}——压缩到最小长度时的电阻比,0.01% 。

　　率定结果,f 值相差小于 3% 认为合格。

　　⑤直线性 a 的计算:

$$a = \Delta Z_{max} - \Delta Z_{min} \qquad (4-2)$$

式中　ΔZ_{max}——实测电阻比最大级差,0.01% ;

　　　　ΔZ_{min}——实测电阻比最小级差,0.01% 。

　　当 $a \leq 6(\times 0.01\%)$ 时为合格。

　　(2)温度系数率定。

　　差动电阻式应变计对温度很敏感,它可兼作温度计使用。计算应变时须用温度修正测值,因此应率定温度系数。

　　①率定设备及工具。恒温水浴 1 台,水银温度计 1 支(读数范围为 - 20 ~ 50 ℃,精度 0.1 ℃),水工比例电桥 1 台,千分表 1 块,扳手 2 把,记录表若干张。

　　②率定步骤:

　　a. 将若干冰块敲碎,冰块小于 30 mm,备用。

　　b. 恒温水浴底均匀铺满碎冰,厚 100 mm,把仪器横卧在冰上,仪器与浴壁不能接触,再覆盖 100 mm 厚的碎冰,仪器电缆线按颜色接上电桥的接线柱,把温度计插入冰中。向放好仪器的碎冰槽内注入自来水,水与冰的比例为 3∶7 左右,恒温 2 h 以上。

　　c. 0 ℃电阻测定每隔 10 min 读一次温度和电阻值,并记下测值。连续 3 次读数不变后,结束 0 ℃试验,得到 0 ℃时的电阻值(R_0)。

d. 再加入水或温水,搅动使温度升到 10 ℃ 左右,恒温 30 min。保持 10 min 读一次温度和电阻。连续测读 3 次,结束该级温度测试。再加入温水搅匀,使温度保持恒温后读数。按上述办法,测四级。

③温度系数 α 的计算:

$$\alpha = \frac{\sum_{i=1}^{n} T_i}{\sum_{i=1}^{n} (R_i - R_0)} \tag{4-3}$$

式中　T_i——各级实测温度,℃;

　　　R_i——各级实测电阻值,Ω;

　　　R_0——0 ℃ 电阻值,Ω。

④温度 T 的计算:

$$T = \alpha(R_t - R_0) \tag{4-4}$$

式中　R_t——计算温度时用的电阻值,Ω;

　　　其余符号意义同前。

如果率定温度与式(4-4)的计算温度之差小于 0.3 ℃,则认为合格。

(3)防水检验。

①检验设备及工具。主要有压力容器、压力表、进水管、排水管、排水阀、手动或电动压水试验泵、水工比例电桥、兆欧表、扳手等。

②检验步骤:

a. 用兆欧表测仪器绝缘度。将绝缘值大于 50 MΩ 的仪器放入水中浸泡 24 h 之后,测浸泡后的绝缘值。若浸泡后绝缘值下降,视为不能防水。

b. 将初检合格仪器放入压力容器,把电缆线从出线孔中引出,将封盖关好。用高压皮管将泵与压力容器连接,启动压力泵,使高压容器充水,待水从压力表安装孔溢出,排出压力容器内所有的空气后,再安装上 0.2 级的标准压力表,拧紧电缆出线孔螺丝。

c. 试压水。可加压到最高试验压力,看密封处是否已封好。打开回水阀降压至零。若没有封堵好,处理好后再试压,直至完全密封不漏水。

d. 把仪器的电缆按芯线颜色接到水工比例电桥上。

e. 按最高水压分为 4~5 级(等分)。从零开始,分级加压至最高压力后,又分级退压,直到回零。各级测读一次电阻比,并记录到正规的记录表中。完成上述试验,循环后结束。

f. 用 500 V 兆欧表测仪器的绝缘电阻。绝缘电阻大于 50 MΩ 为防水性能合格。

2)钢筋计率定

钢筋计的率定有最小读数率定、温度率定、防水检验等。

(1)最小读数率定。

①率定的设备及工具。主要设备为万能材料试验机。

②率定步骤:

a. 把仪器电缆按芯线颜色接到水工比例电桥的接线柱上,测量钢筋计的自由状态电阻比及电阻值。

b. 将钢筋计与拉压接手相连,两端夹在万能材料试验机上。

c. 由万能材料试验机的工作人员操作,按仪器规格确定最大拉力,分 4~5 级预拉,退零,重复三次。

d. 等分 4~5 级拉到最大拉力后,分级退回零处,每级都测读电阻比,并记录。

e. 取下仪器,去掉扳手,测量仪器的自由电阻比。

③直线性 a 的计算:

$$a = \Delta Z_{\max} - \Delta Z_{\min} \tag{4-5}$$

式中　$\Delta Z_{\max}$——前级 Z 值减后级 Z 值之差的最大数,0.01% ;

　　　$\Delta Z_{\min}$——前级 Z 值减后级 Z 值之差的最小数,0.01% 。

$a \leqslant 6(\times 0.01\%)$ 为合格。

④重复性 a' 的计算:a' 为加荷卸荷两次率定过程同档位两个电阻比的最大差值。$a' \leqslant 6(\times 0.01\%)$ 为合格。

⑤最小读数 f 的计算:

$$f = \frac{F}{S(Z_{\max} - Z_0)} \tag{4-6}$$

式中　F——最大拉力,kN;

　　　S——钢筋计算标准断面面积,cm^2 ;

　　　$Z_{\max}$——最大拉力时的电阻比,0.01% ;

　　　Z_0——拉力为 0 时的电阻比,0.01% 。

(2)温度率定。

钢筋计的温度率定与应变计的温度率定方法相同。

(3)防水检验。

钢筋计的防水检验与应变计的防水检验方法相同。

3)测缝计率定

测缝计主要作最小读数 f、温度系数 α、防水性能检验三个方面的率定。

(1)最小读数 f 的率定。

①率定设备及工具。校正仪 1 台,量程为 50 ram 的百分表 1 只,水工比例电桥 1 台,扳手 2 把,起子 1 把。

②率定步骤:

a. 在记录表上填好仪器编号、校验日期、率定者姓名。把测缝计的电缆线按芯线颜色相应地接入水工比例电桥的接线柱上,测量仪器自由状态下的电阻值和电阻比。

b. 把测缝计放入校正仪两夹具中,用扳手上紧,必须两端同时进行,并且在紧螺丝时要观测电阻比的变化,使夹紧后的电阻比接近自由状态下的电阻比,差值不得大于 20 (×0.01%)。否则,放松后重新夹紧。

c. 把百分表放进校正仪的表架上,移动表架使百分表的活动杆顶住测缝计的一端中部,根据测缝计的量程来确定预压长度,使百分表内小指针指到中部位置后固定,调整表盘,使长针指零。

d. 摇动率定架手柄,对仪器预拉到仪器最大拉伸长度后,反摇手柄,回零。继续反摇,压缩仪器到最大压缩长度。反摇手柄,回零,如此反复进行三次。

e. 记录下仪器未拉压前的电阻比,分级拉压仪器,级数为 4 ~ 5 级,每级拉或压都测一次电阻比,记入表中,结束率定。

③最小读数 f 的计算、直线性 a 及重复性 a' 的计算,计算公式同应变计。由于测缝计量程不同,误差允许值不同。CF - 5 型, $a \le 6(\times 0.01\%) \ge a'$,为合格; CF - 10 型, $a \le 10(\times 0.01\%) \ge a'$,为合格。

(2)温度系数 α 率定。

测缝计温度系数 α 的率定方法及计算与应变计的率定方法完全相同。

(3)防水检验。

测缝计的防水检验原则上与应变计的防水检验相同。但由于测缝计长、断面大,在高压水中纵向受压时易使仪器损坏,因此需用刚度大的钢板焊上夹具,把两端夹紧后,放入高压容器。

4)渗压计率定

渗压计需作最小读数 f 的率定、温度系数 α 的率定、防水检验。

(1)最小读数 f 的率定。

①率定设备及工具。活塞式压力计或手摇水(油)泵,0.35 级标准压力表,水工比例电桥,起子,记录表。

②率定步骤:

a. 在记录表上填好校验日期、率定人员。将渗压计电缆按芯线颜色相应地接到水工比例电桥的接线柱上,记好仪器编号,量测自由电阻值和电阻比。

b. 把渗压计进水口螺丝与油泵螺纹旋紧,必要时加止水垫圈,装上压力表。油泵用的变压器油,排除油管内空气后与仪器连接。

c. 试压 3 个循环后,分 4 ~ 5 级加压和减压,测读各级压力下的电阻比,作一个循环后结束。

③计算最小读数 f 、计算直线性 a 和重复性 a' ,其计算方法与应变计相同。

(2)温度系数 α 的率定。

渗压计温度系数率定的方法与应变计的率定方法相同。

(3)防水检验。

渗压计防水检验的设备、检验方法与应变计的相同。

5)水工比例电桥率定

水工比例电桥是测定差动电阻式仪器的读数仪表,它的准确性直接影响所测的精度,必须经常进行率定,最好每次观测前率定一次。电桥率定器每年应送厂家鉴定一次。对 SBQ - 4 型一类的电桥率定方法可采用率定器法和简易法两种进行,对 SQ - 2 型一类的数字电桥的率定可参照说明书。

(1)率定器法率定。

①检验设备和工具。电阻比电桥率定器 1 台,100 V 直流兆欧表 1 台,QJ - 103 型双臂电桥 1 台。

②绝缘检验。将电桥"ε、t"开关指向"ε","3,5"开关指向"5",检流计阻尼开关指向

"关"。用兆欧表一根火线接电桥"黑"（或白）接线柱，地线接电桥面板。

③零位电位和变差检查。将电桥面板反面置放，使内部线圈向上，将可变电阻全部转向零位。将双臂电桥的 P_1、C_1 两引线接到白接线上，P_2、C_2 两引线接可变电阻 R 与 50 Ω 固定电阻的焊接点处，注意不使鳄鱼夹相碰。

④准确度检验。进行电桥电阻比检验时，首先将电桥与率定器相应的接线柱用专用连接片接好，旋转率定器及电桥各旋扭三次，以后将电桥可变电阻臂的"×1"、"×0.1"、"×0.01"三挡置于零位。

对"×10"挡进行检验。将电桥"ε、t"开关指向"t"，再将率定器"Z"旋钮置于"R"位置，"R"旋钮置于"L"，调节电桥的可变电阻使"×10"挡置于"L"，按下电源开关，记录检流计指针的偏转角 α 后，将桥面电阻旋钮转到"×0.01"挡，使电阻增加 0.01 Ω 再记录检流计指针偏转角 α'，$\alpha_T = \alpha' - \alpha$，则"×10"挡的误差 $\Delta = \alpha / \alpha_T \times 0.01\%$，以后用同样的方法将"×10"挡由 2 至 10 逐一检验。

对"×1"挡进行检验。将电桥"ε、t"开关指向"ε"，将电桥率定器"R"旋转置于"Z"，使"Z"旋钮置于"0.95"，将电桥"×10"挡置于"9"，"×1"挡置于"5"，"×0.1"挡和"×0.01"挡置于"0"，按下电源开关，记录检流计指针偏转角 α，再将电桥"×0.01"挡置于"0"按下电源开关，记录检流计指针偏转角 α，再将电桥"×0.1"拨进一挡，使可变电阻增加 0.01 Ω，记录检流计偏转角"α'"，则得检流计常数 $\alpha_T = \alpha' - \alpha$。如此，则"0.95"挡的误差为 $\alpha / \alpha_T \times 0.01\%$。用同样的方法检验"0.96"至"1.05"等 10 挡。

对"×0.1"、"×0.01"挡的检验，这两挡电阻值小，不影响电阻和电阻比测值。检验的目的只是查明电阻是否有假焊和接触不良。检验结果记入电桥检验记录表（见表4-2）。

表4-2　电桥检验记录

电桥编号 98001　　　　零位电阻 0.0045 Ω　　　　变差 0.0002 Ω
率定器编号 1#　　　　　检验温度 12 ℃　　　　　检流计灵敏度 0.35 mm/0.01%
湿度 80%　　　　　　　绝缘电阻 200 MΩ　　　　检验日期　　年　　月　　日

电阻比			电阻 ×10					×0.1		×0.01	
检验值	α	α_T	误差$\frac{\alpha}{\alpha_T}$ （×0.01%）	检验值	Δ	α	α_T	误差$\frac{\alpha}{\alpha_T} \times 0.01\%$ $+\Delta$	检验值	α	检验值	α
0.95	5	60	0.08	1	−0.001	24	45	0.004	1	正常	1	正常
0.96	10	60	0.17	2	−0.002	10	38	0.001	2	正常	2	正常
0.97	8	60	0.13	3	−0.002	4	30	−0.001	3	正常	3	正常
0.98	7	60	0.12	4	−0.002	−7	168	−0.002	4	正常	4	正常
0.99	5	60	0.08	5	−0.003	−25	132	−0.004	5	正常	5	正常
1.00	8	60	0.13	6	−0.003	−35	109	−0.006	6	正常	6	正常
1.01	6	60	0.10	7	−0.003	−36	94	−0.007	7	正常	7	正常
1.02	7	60	0.12	8	−0.004	−42	80	−0.009	8	正常	8	正常
1.03	10	60	0.17	9	−0.004	−47	71	−0.011	9	正常	9	正常

续表 4-2

电阻比				电阻 ×10					×0.1		×0.01	
1.04	9	60	0.15	10	−0.004	−49	64	−0.012	10	正常	10	正常
1.05	7	60	0.12									

检验者　　　　　记录者

（2）简易法率定。

水工比例电桥检验的简易方法仅采用一般的比例电桥即可求得被检验的比例电桥在量测电阻比时的绝对误差，以及在测量电阻时的相对误差，从而满足实用的要求。用比例电桥作媒介的作法是：当以 A 比例电桥为媒介进行检验时，必须使 A 电桥的固定电阻 M_A 与可变电阻 R_A 形成如比例电桥盖内的线路图中的 R_1 及 R_2 的两比例臂，然后与被检测的 B 电桥相连接。其具体接线方法可以从线路图中看出，接线柱 1.5 为 M_A 与 R_A 相串联的两端，如果从 M_A 与 R_A 之间引出一线，即可形成比例臂，为了避免损伤仪器的焊接点，可把 A 电桥的电池去掉，将正负两极连通，将"ε"按钮接上，并将转换开关"ε、t"扳向"ε"处，即可接 3 号接线柱。

转动 A 电桥的可变电阻 R_A，即可对 B 电桥的不同挡位进行检验（正测），交换接线柱 1.5 就相当于反测。

求算比例电桥量测的固定电阻 M 的误差基本公式：

$$M = \sqrt{R_B' - R_B''} \tag{4-7}$$

式中　R_B'——正测 B 电桥的电阻值，Ω；

R_B''——反测 B 电桥的电阻值，Ω。

误差 $\Delta(\Omega)$ 的计算：

$$\Delta = M - 100 \tag{4-8}$$

例如表 4-3 中的固定电阻为 99.96 Ω，因而电阻比误差为固定常量 −0.04%，这为正常。反之，当检验结果 M 误差为变量时，表示电桥已不能使用。

表 4-3　用比例电桥作媒介检验电桥电阻比

72#	102#电桥实测电阻		102#实测电阻增量		102#固定电阻计算值	102#电阻比误差
$R_A(\Omega)$	正测 R_B'	反测 R_B''	正测 $\Delta R_B'$	反测 $\Delta R_B''$	M_B	%
96.00	96.05	104.03			99.96	−0.04
97.00	97.05	102.96	1.00	1.07	99.96	−0.04
98.00	98.05	101.91	1.00	1.05	99.96	−0.04
99.00	99.05	100.88	1.00	1.03	99.96	−0.04
100.00	100.05	99.87	1.00	1.01	99.96	−0.04
101.00	101.06	98.87	1.01	1.00	99.96	−0.04
102.00	102.06	97.90	1.00	0.97	99.96	−0.04
103.00	103.05	96.96	0.99	0.94	99.96	−0.04
104.00	104.05	96.03	1.00	0.93	99.96	−0.04
105.00	105.05	95.12	1.00	0.91	99.96	−0.04

4.1.3.2 钢弦式仪器率定

目前,岩土工程监测经常使用的钢弦式仪器有应变计、位移计、钢筋计、压力盒。

1)应变计率定

(1)灵敏系数 K 值的率定。

①率定设备及工具。率定架 1 台,千分表 1 块,8# 扳手 2 只,起子 1 把,钢弦频率计 1 台。

②率定步骤:

a. 在表 4-4 上填写好率定日期、试验者、仪器编号、自由状态下频率。

b. 将钢弦应变计放入率定架夹头内,扳手将仪器两端夹紧前后的频率变化不得大于 20 Hz。

c. 在率定架上安装千分表,使千分表测杆压 0.5 mm 后固定,转动表盘使长针指零。

d. 对仪器拉压三次,拉 0.15 mm 后,压 0.25 mm 记录零位频率。分级拉压,0.05 mm 一级,完成一次拉压之后回零为一个循环。每级测读一次频率,作三个循环后结束。取下仪器,测其自由状态下频率。

表 4-4 钢弦式应变计率定记录

仪器编号　　　　　　　率定日期:　　年　　月　　日　　　　环境温度　　　℃

量程 ( )	第一循环		第二循环		第三循环		平均值		
	拉	压	拉	压	拉	压	拉	压	平均

率定结果:$K =$ 　　 $\times 10^{-5}/\text{Hz}^2$ 　　$R =$ 　　% FS 　　$L =$ 　　% FS 　　$A =$

　　　　　　　　　　　　　　$H =$ 　　% FS 　　$E_c =$ 　　% FS 　　最大量程:

率定:　　　　　　记录:　　　　　计算:　　　　　　　　第　　页

③计算灵敏系数 K:

$$K = \frac{\sum_{i=1}^{n} \dfrac{L_i}{L}}{\sum_{i=1}^{n} (f_i^2 - f_0^2)} \tag{4-9}$$

式中　L_i——各级拉压长度,mm;

　　　L——仪器长度,mm;

　　　f_i——各级测读的频率,Hz。

④判断率定资料合格的方法:

$$\varepsilon_i' = \frac{K(f_i^2 - f_0^2)}{L}$$

$$\Delta = \frac{\varepsilon_i - \varepsilon_i'}{\varepsilon_i} \leqslant 1\% \tag{4-10}$$

式中　ε_i——实测各级应变值；

　　　ε_i'——计算的各级应变值；

　　　Δ——相对误差。

当 $|\Delta| < 1\%$ 时为合格。

（2）防水检验。

钢弦式应变计的防水检验与差动电阻式应变计的做法相同，只是测量仪表由水工比例电桥改为频率计。

（3）温度系数 α 率定。

钢弦式应变计温度系数 α 的率定与差动电阻式应变计的率定方法相同，只是测量仪表改用频率计。由于温度对钢弦式仪器的影响较小，工地若无条件可免做。

2）位移计的率定

位移计一般是由传感器及其若干附件组成。它的率定是指对传感器的率定和组装率定。

（1）灵敏系数 K 的率定。

①率定的设备及工具。大率定架附 1 套传感器夹具（能夹住传感器又能夹住拉杆的夹具），扳手 2 把，起子 1 把，频率计 1 台，大量程百分表 2 只。

②率定方法：

a. 把专用夹具固定在大率定架上，组成位移计的率定架。将传感器筒和拉杆夹在率定架上，再安装好百分表。摇动手柄，按传感器的量程分级拉压三次。

b. 在记录表中写好仪器编号、试验日期、率定者姓名等，用频率计读出初读数。按量程等分若干级进行拉压，各级读一次频率数记入表中，作三个循环后结束，取下传感器。

③灵敏系数 K 的计算：

$$K = \frac{\sum\limits_{i=1}^{n} L_i}{\sum\limits_{i=1}^{n} (f_i^2 - f_0^2)} \tag{4-11}$$

式中　L_i——每次拉伸长度，mm；

　　　f_i——每次拉伸 L_i 长度的频率，Hz；

　　　f_0——未拉时的初始频率，Hz；

　　　n——拉压次数。

④误差 Δ 的计算：

$$\left.\begin{array}{l} L_i' = K(f_i^2 - f_0^2) \\ \Delta = \dfrac{L_i - L_i'}{L_i} \end{array}\right\} \tag{4-12}$$

式中　L_i ——各级拉伸长度,mm;

　　　L_i' ——各级计算的长度,mm。

当误差 Δ 值小于量程的 1% 时为合格。

(2)温度系数率定。

位移计温度系数率定与差动电阻式应变计的率定相同。因位移计受温度影响较小,因此工地无条件时可免做。

(3)防水检查。

水下型位移计的防水检查与差动式应变计的防水检查相同。普通型可根据厂家提供的参数做现场检验。

(4)位移计的现场组装检查。

位移计是通过长传递杆测量两点之间的相对位移量,现场组装,埋设中任一环节未做好都将会带来较大的测量误差。有条件的工地最好做组合后的率定工作,使安装后的传递杆变形对测值影响减小到最低程度。没有条件的工地一般也要模拟现场条件组装一次,根据工地情况测试一下综合性能和检验组装效果,以免发生失误。

3)钢筋计(锚杆应力计)率定

以下主要介绍灵敏系数 K 的率定。

①率定的设备及工具。钢弦式钢筋计(锚杆应力计)的率定设备和工具与差动电阻式钢筋计相似,只是用钢弦频率计代替水工比例电桥。

②率定方法。钢弦式钢筋计(锚杆应力计)的率定方法完全与差动电阻式钢筋计相同。

③灵敏系数 K 的计算:

$$K = \frac{P}{s(f^2 - f_0^2)} \qquad (4\text{-}13)$$

式中　P ——最大拉力,kN;

　　　f ——最大拉力时的频率,Hz;

　　　s ——钢筋计断面面积,mm^2;

　　　f_0 ——未拉时的频率,Hz。

④仪器误差判断。

$$\left.\begin{aligned} P_i' &= sK(f_i^2 - f_0^2) \\ \Delta &= \frac{P_i - P_i'}{P_i} \end{aligned}\right\} \qquad (4\text{-}14)$$

式中　P_i ——各级拉力,kN;

　　　P_i' ——用 K 值计算求得的拉力,kN。

当 $|\Delta|$ 值小于 1% 时为合格。

4)压力计的率定

压力计的率定根据使用条件采用相应的试验方法。不同的传力介质所率定出的参数有一定差别。因此,标定工作需在压力计使用前提出标定方法。常用如下方法标定。

(1)油压标定。

①标定方法。油压标定是把压力计放入高压容器中,用变压器油作传力媒介,试验方法同差动电阻式应变计防水检验。标定时,应等分五级以上压力级,每级稳压 10 ~ 30 min 之后才能减压。若有规范,请按规范进行。

②灵敏系数 K 的计算:

$$K = \frac{\sum\limits_{i=1}^{n} P_i}{\sum\limits_{i=1}^{n} (f_i^2 - f_0^2)} \tag{4-15}$$

式中　　P_i——各级压力时标准压力表读数,MPa;

　　　　f_i——各级压力下的频率,Hz;

　　　　f_0——压力为 0 时的频率,Hz。

③仪器的误差 Δ 计算:

$$P_i' = K(f_i^2 - f_0^2)$$

$$\Delta = \frac{P_i - P_i'}{P_i} \tag{4-16}$$

式中　　P_i'——计算得到的压力值,MPa。

当 $|\Delta| \leqslant 1\%$ 时为合格。若此规定与国家有关规范有出入,以规范为准。

(2)水压或气压标定。

此法是把压力计放入高压容器内,用水压或气压作媒介对压力计进行加压。除气压需高压打气泵外,其他所用的设备、工具、试验方法都与油压标定相同。

最小读数 f 值的误差计算与油压法相同。

(3)砂压标定。

①主要设备。砂压标定罐,其内径应大于压力计外径的 6 倍,罐的底板和盖要有足够的刚度,在高压下应无大的变形。0.35 级标准压力表 1 只,小型空压机 1 台,频率计 1 台。

②标定方法。将压力计放在标定罐底板上,让压力计的受力膜向上,盒底与放置底板紧密接触,导线从出线孔引出罐外。

标定用砂要与工程实际相似,若为土,需夯实,厚度应大于 10 cm。

正式标定前,先试加压至最大量程,观察标定罐有无漏气,仪器是否正常。再按压力计允许量程,等分五级,逐级加荷,卸荷,照此作一个循环,在各级荷载下测读仪器的频率值。

③灵敏系数 K 的计算及合格判断均同油压标定。

压力计使用前,还应通过率定确定压力盒或液压枕边缘效应的修正系数、转换器膜片的惯性大小和温度修正系数。

5)锚杆测力计率定

锚杆测力计是一个承载钢体,钢体上组装有差动电阻式传感器或钢弦式传感器。率定方法与采用的传感器类型有关,测力计的率定是标定钢体变形与荷载的关系,测定最小读数和温度修正系数,其率定方法要求如下:

（1）测力计的率定应选用相应量程的标准压力计。

（2）率定时,测力计的工作条件应与测力计的实际工作条件基本相同。带有专用传力板的测力计,应与传力板组合在一起进行率定。

（3）率定时,逐级加载和逐级卸载,循环三次。三次测试结果,直线性和重复性均应小于1%FS。绘制仪器读数与读数荷载值的关系曲线,并计算测力计的最小读数值。

（4）测力计应抽样在压力机上水平转动90°、180°、270°进行率定,检验其差值。当其最大差值超过1%FS时,应进行允许偏心距离和允许偏斜角的测定。

（5）各种测力计均应进行温度率定,确定温度修正系数。率定方法与应变计相同。

4.2　监测仪器的安装埋设技术

4.2.1　准备工作

监测仪器安装埋设施工前应进行充分的准备,准备工作的主要内容有技术准备、材料设备准备、仪器检验率定、仪器与电缆连接、仪器编号、土建施工等。

4.2.1.1　技术准备

技术准备的目的是了解设计意图、布置和技术规程,以便满足设计要求,达到设计目的。技术准备的主要内容有:

（1）阅读监测设计报告及相关各项技术规程,熟知设计意图和实施技术方法与标准。

（2）施工人员技术培训是设计交底的过程。通过培训,使工作人员了解技术方法和技术标准的依据与目的,确保施工质量。

（3）研究现场条件。监测工程的施工是与其他工程交叉进行的,仪器安装埋设施工,既要达到设计的时机要求,又要克服恶劣环境的影响,避免干扰。因此,仪器安装埋设前,对现场条件要进行全面的分析研究,提出具体措施,在施工过程中还要随时进行研究和调整。

4.2.1.2　材料设备准备

材料设备准备见表4-5所列内容。

表4-5　仪器安装埋设施工的主要材料设备

项目	内容	说明
1.土建设备	（1）钻孔和清基开挖机具 （2）灌浆机具与混凝土施工机具 （3）材料设备运输机具	在岩土体内部安装埋设仪器时,需要钻孔、凿石、切槽和灌浆回填。机具的型号根据工程需要确定
2.仪器安装设备、工具	（1）仪器组装工具 （2）工作人员登高设备及安全装置 （3）仪器起吊机具和运输机具 （4）零配件加工,如传感器安装架及保护装置等	根据现场条件和仪器设备情况加以选用。安装仪器要借助一些附件,这些附件有厂家带的,大多数情况是根据设计要求和现场实际情况自行设计加工。登高和起吊设备应根据地面或地下工程现场条件选择灵活多用的设备

续表 4-5

项目	内容	说明
3. 材料	(1)电缆和电缆连接与保护材料 (2)灌浆回填材料 (3)零配件加工材料、电缆走线材料和脚手架材料 (4)零星材料、电缆接线材料及零配件加工材料等	电缆应按设计长度和仪器类型选购。零星材料需配备齐全,避免仪器安装时因缺某些小材料而影响施工进度和质量
4. 办公系统	(1)计算机、打印机及有关软件 (2)各种仪器专用记录表 (3)文具、纸张等	计算机软件包括办公系统、数据库和分析系统,记录表应使用标准表格
5. 测试系统	(1)有关的二次仪表 (2)仪器检验率定设备、仪表 (3)仪器维修工具 (4)测量仪表工具 (5)有关参数测定设备、工具	二次仪表是与使用的传感器配套的读数仪,岩土、回填材料和其他材料检验时的材料参数测定设备、工具

4.2.1.3 仪器检验率定

仪器安装埋设前应按有关规程规范的规定进行率定或进行组装率定检验,按照合格标准选用。现场检验率定的方法与要求见前述内容和有关的规程。

4.2.1.4 仪器与电缆连接

仪器与电缆的连接是保证监测仪器能长期运行的重要环节之一。尽管仪器经过各种测试而保证无任何质量问题,可是,若因电缆或连接头有问题,仪器也不能长期正常地工作。因此,电缆与仪器的连接在安装前必须引起足够重视。具体连接方法见有关规程。

4.2.1.5 仪器编号

(1)仪器编号的意义。仪器编号是整个埋设过程中一项十分重要的工作,常常由于编号不当,难以分辨每支仪器的种类和埋设位置,造成观测不便,资料整理麻烦,甚至发生错乱。

(2)仪器编号原则。仪器编号应能区分仪器种类、埋设位置,力求简单明了,并与设计布置图一致。如某仪器编号为 M1-2-3,它的含义是"M"为多点位移计,"1"是第一个断面,"2"是第二个孔,"3"是第三测点。只要知道编号的含义,一见编号就知道是什么仪器,在第几个断面以及孔号和测点号。

(3)编号应标的位置。编号应注在电缆端头与二次仪表连接处附近。为了防备损坏和丢失,宜同时标上两套编号标签备用;传感器上无编号时,也应标注编号。

(4)仪器编号标签。仪器编号比较简单的方法是在有不干胶的标签纸上写好编号,贴在应贴部位,再用优质透明胶纸包扎加以保护。也可用电工铝质扎头,用钢码打上编号,绑在电缆上,用电缆打号机把编号打在电缆上更好。编号必须准确可靠,长期保留。

钢弦式仪器常采用多芯电缆,如某四点式位移计,只需用一根 5 芯电缆与 4 支传感器相连,这样除在电缆上注明仪器编号外,各芯线也要编号,也可用芯线的颜色来区分,最好按规律连接,如红、黑、白、绿分别连接 1、2、3、4 各号仪器。

4.2.1.6 仪器安装埋设的土建施工

监测工程的土建施工包括:临时设施工程施工、仪器安装埋设土建施工、电缆走线工程土建施工、观测站及保护设施土建施工。这些土建施工项目,分别在有关的项目中,根据具体要求提出施工方法和标准。仪器安装埋设的土建施工在各类工程监测中也有具体的方法和标准。这类土建施工工艺和技术标准比一般工程高,而且要求更细,这是仪器性能和观测精度的需要。所以,仪器安装埋设前应做好土建施工,经验收合格后,才能安装埋设仪器。

4.2.2 安装埋设

监测仪器的安装埋设工作是最重要的环节。大多数已埋设仪器是无法返工或重新安装埋设的。这一工作若没做好,监测系统就不能正常使用,就会导致观测成果质量不高甚至整个工作失败。因此,仪器的安装埋设必须事前做好各种施工准备,埋设仪器时尽量减少其他施工的干扰,确保埋设质量。

监测仪器的具体安装埋设参见相关的规范规程,此处不再详述。

4.2.3 电缆走线

电缆走线是监测工程施工的一个组成部分。电缆走线和仪器安装、埋设的重要性是等同的,设计阶段与施工阶段均应予以重视。

电缆走线有明走、暗走之分。明走电缆包括明管穿线、缠裹和裸束等方式,暗走电缆包括裸束埋线、缠裹埋线、埋管穿线、钻孔穿线和沟槽敷设等方式。

具体敷设方法和注意事项参见有关规范。

4.2.4 后续工作

为了便于对观测仪器的维护管理和对观测资料的整理分析,为工程安全做出准确的评估,使观测资料发挥应有的作用,仪器安装埋设后,必须做好下列各项工作。

4.2.4.1 仪器安装埋设记录

仪器安装埋设记录应贯穿全过程,记录应包括下列内容。

1)准备工作记录

(1)技术资料记录。

(2)技术培训情况。

(3)现场调查记录。

(4)设备仪器检验记录。

(5)电缆连接和仪器组装记录。

(6)仪器编号记录。

(7)土建施工记录。

2)仪器安装埋设记录

(1)工程名称与项目名称。

(2)仪器类型、型号。

(3)位置坐标和高程。

(4)安装日期和时间。

(5)天气、温度、降雨、风速状况。

(6)安装期周围施工状况。

(7)安装过程中的安装记录、方法、材料和检测记录。

(8)结构的平、剖面图,显示仪器的安装,仪器位置,电缆位置,电缆接头位置以及安装过程中使用的材料。

(9)安装期间的照片、录像,仪器埋设前的情况。

(10)安装期的调试及其测试数据。

3)观测电缆走线记录

(1)电缆编号(仪器号)。

(2)电缆类型、型号、规格。

(3)电缆接头数量、位置。

(4)敷设方法、线路、辅助设施结构。

(5)敷设过程中的检测记录。

(6)敷设前后的照片、录像。

(7)电缆线路图。

4)工程施工记录

(1)填筑工程。包括工程部位、施工方法、填筑厚度、起止时间、温度、填料特性、材料配合比、气候条件。

(2)开挖工程。包括工程部位、施工方法、开挖动态、开挖动态图、爆破参数、支护方式与时机、地质描述。

(3)试验与检验记录。

4.2.4.2　编写仪器安装竣工报告

1)资料收集与整理

(1)工程资料。

(2)观测设计资料及仪器出厂资料和率定资料。

(3)仪器安装埋设记录。

(4)绘制仪器安装埋设竣工图(单支仪器考证图表及仪器总体分布图)。

(5)仪器安装埋设后初始状态图表。

2)报告内容

(1)单支仪器安装竣工报告内容包括:①观测项目;②仪器类型、型号;③仪器位置、高程;④安装埋设时间;⑤土建工程情况;⑥仪器率定情况;⑦仪器组装与检测;⑧仪器安装埋设与检测;⑨仪器初始状态检测;⑩仪器安装埋设状态图(平面、剖面图);⑪验收情况。

（2）仪器安装、埋设竣工总报告内容包括：①监测工程设计概况；②监测工程施工组织设计概述；③仪器设备选型、仪器装置图及仪器性能明细一览表；④安装、率定和监测方法说明（含率定结果统计表）；⑤土建施工情况；⑥仪器安装埋设竣工图、状态统计表及文字说明；⑦仪器初始状态及观测基准值。

4.2.4.3　仪器安装埋设后的管理

1）建立仪器档案

仪器档案内容一般包括名称、生产厂家、出厂编号、规格、型号、附件名称及数量、合格证书、使用说明书、出厂率定资料、购置商店及日期、设计编号及使用日期、使用人员、现场检验率定资料、安装埋设考证图表、问题及处理情况、验收情况。

2）仪器设备的维护管理

（1）建立维护观测组织。

（2）编制维护观测制度。

（3）编制维护观测技术规程。

4.3　监测实施方法

4.3.1　观测基准值的确定

各种观测仪器的计算皆为相对计算，所以每个仪器必须有个基准值。基准值也就是仪器安装埋设后开始工作前的观测值。基准值的确定是观测的重要环节之一。基准值确定的适当与否直接影响以后资料分析的正确性和合理性，由于确定不当会引起很大的误断，因此基准值不能随意确定，必须考虑仪器安装埋设的位置、所测介质的特性、仪器的性能及环境因素等，然后从初期数次观测及考虑以后一系列变化或稳定情况之后，才能确定基准值的数值。一般确定基准值，必须注意不要选择由于观测误差而引起突变的观测值。

（1）应变计基准值的确定。

在混凝土内，确定应变计基准值的主要原则是考虑弹性上的平衡。对九向应变计组，四组三个直交应变的和相差不超过 $15 \sim 25\ \mu\varepsilon$ 范围时，可认为已达到平衡状态；四向和五向应变计组，相差范围要在 $10\ \mu\varepsilon$ 之内；单向应变计应与同层附近的应变计组达到平衡的时间相同。此时，埋设点的温度也达到均匀时的测值，即可确定为基准值。如果测混凝土的膨胀变形，可以用混凝土初凝时的测值作为基准值。

在岩体内，一般把埋设后 12 h 以上，水泥砂浆终凝后或水化热基本稳定时的测值作为基准值。

（2）测缝计基准值的确定。

测缝计埋设后，混凝土或水泥砂浆终凝时的测值可作为基准值。

（3）钢筋计基准值的确定。

钢筋计的基准值可根据使用处的结构而定，一般取混凝土或砂浆固化后，钢筋计能够跟随其周围材料变形时的测值作为基准值，一般取 24 h 后的测值。

（4）压力计基准值的确定。

压力计埋设后,其周围材料的温度达到均匀时的测值为基准值。

(5)渗压计基准值的确定。

渗压计以其埋设后的测值为基准值。

(6)位移计基准值的确定。

位移计安装埋设后,根据仪器类型和测点锚头的固定方式确定基准值的观测时机,一般在传感器和测点固定之后开始测基准值。采用水泥砂浆固定的锚头,埋设灌浆后 24 h 以上的测值可作为基准值。基准值观测应取三次连续读数,其差小于 1% FS 时的平均值。

(7)倾角计基准值的确定。

倾角计基准板安装固定之后,观测其稳定的初始读数,若三次读数差小于 1% FS,取其平均值作为基准值。

(8)测斜仪基准值的确定。

测斜仪导管安装埋设的回填料固化后,经三次以上的稳定观测,两次测值差小于仪器精度,取其平均值作为基准值。

4.3.2　观测频率的确定

仪器观测分为正常观测和特殊观测两种。

正常观测是按照规定的时间间隔进行,测得各种参量随时间的连续变化情况的观测。特殊观测是根据工程需要,在施工和运行等有代表性的时刻或原因参量发生异常变化时进行的观测。

上述两种观测均可以根据各种参量预计的及已经发生的变化速率确定和调整观测频率。特殊观测也可以根据观测计划的频率进行。

观测频率的具体方案在相关规范中均有规定。

常用仪器的观测频率,一般是在仪器安装埋设后测定基准值,初期(施工期)每天 1 ~ 2 次,施工影响消除之后按参量变化速率调整。

4.3.3　观测读数方法

各种仪器的读数应按照仪器说明书进行测读,观测数据用专门表格记录。观测应系统、连续地进行,严格遵守观测频率的规定。每次读数时,必须立即同前次测值对照检查,读数值应是稳定值。在观测中若发现异常,要及时进行复测,分析原因,记录说明。

观测误差有过失误差、系统误差、随机误差三种,取决于测量系统各个误差的综合影响,对误差的控制要消除以下产生误差的原因:

(1)仪器设备应经常标定,修正其各部分的误差。

(2)定期对仪器设备进行标定、检修,确保性能稳定,消除仪器设备各种物理性质变化产生的误差。

(3)定期检测基准点,修正由温度、腐蚀、震动等因素引起的基准点移动。

(4)制订操作技术规程,进行人员培训,更换人员和仪器时做好交接,克服观测方法不同和人员设备不同而产生的误差。

(5)仪器性能超限,及时检修更换引起的误差。

观测读数的误差判断十分重要,现场常用的简易判断方法有:

(1)本次读数与以前测值比较,在原因参量没有较大变化时,效应参量变化速率不会很大。有异常变化时应复测。

(2)原因参量变化较大,但效应参量的变化超出了其可能的变化限度,应复测分析。

(3)读数超出仪器限量,若仪器读数大于仪器量程的上限值或小于下限值,均为有错。

(4)通过正反测斜仪和倾角计,可以确定相对成双读数的表面误差,并且在各部的误差应大致恒定不变。这一方法可用来检验读数的可信度。

(5)差动电阻式仪器正反测电阻比读数之和远大于或小于 20 000(0.01%)时,该测值有错。

(6)钢弦式仪器可根据仪器标定的量程频率范围(厂家标定的或自检的)来判断读数的可信度。

4.3.4　观测物理量的计算

观测的原始数据一般需要通过计算转换成欲测物理量。不同的仪器,其物理量计算方法也不同。出厂仪器说明书中一般都有观测物理量的计算方法。

4.3.5　观测成果图表绘制

根据各种不同的观测项目,使用不同的观测仪器所测的结果及所反映的物理量的变化大小和规律绘出各种图表,主要有:

(1)物理量随时间变化的过程曲线图。

(2)物理量分布图,如物理量沿钻孔分布图、物理量沿建筑物轴线分布图、断面分布图、平面分布图等。

(3)物理量相关关系图,如物理量与空间变化关系图、物理量之间的相关关系图、原因参量和效应参量相关关系图。

(4)物理量比较图。

成果表也同样有上述各种关系的数据表和数据与图一览表等。

4.3.6　监测报告

监测阶段成果简报和施工期成果报告,都是把观测所得的成果用文字、图表系统地展示出来,让有关人员对工程的现有状况有较清楚的了解,两者的监测时间长短不同,在报告中的内容就有些区别,通常监测时间越长,掌握的资料越多,对工程安全度的论述就越充分,一般应有以下内容。

4.3.6.1　工程概况

工程概况包括工程位置、地形、地质条件、工程规模、工程复杂性和重要性等。

4.3.6.2　监测仪器布置

除有监测仪器布置图外,应详细说明各种仪器布置的位置和设置原则、应达到的目的等。

4.3.6.3　监测仪器的安装埋设

应将各种监测仪器在各部位的具体安装、埋设方法用图文说明。

4.3.6.4　监测成果

1）提供的图件

（1）各仪器观测资料图,如随时间变化过程线、相关图、分布图、综合比较图等。

（2）各仪器观测成果汇总表,如最大值、最小值统计表,仪器完好情况统计表。

（3）各种物理量的比较图和比较表。

（4）其他有关观测成果的图表。

2）资料分析内容

（1）根据各物理量的变化过程线,说明该监测结果的变化规律、变化趋势是否会向不利方向发展。

（2）将观测资料,特别是变化过程线,与理论上或与其他同类的物理量的变化比较有无异常现象。

（3）判别测得的异常值的方法:①用观测值与设计值比较;②目前的观测值与以前各次观测值的比较;③与建筑物相邻的相同观测物理量进行比较;④用一段时间以来各阶段的物理量的变化量,特别是变化趋势进行分析;⑤用各种物理量相互验证,进一步分析比较与工程安全度相适应的各种物理量之差。

3）分析结果

根据监测资料对建筑物工作状态及存在问题的部位和性质进行评价,并分析今后的发展趋势,提出运行、维护、维修意见和措施,提出加强观测意见和对处理工程异常或险情的建议。

第 5 章　监测数据处理与建模分析

【本章内容提要】

（1）简要介绍监测资料分析内容与分析方法（定性分析、定量分析、综合分析）；

（2）详细介绍监测数据的误差分析，包括观测数据的三种误差和粗差的判别及处理；

（3）重点介绍统计回归分析方法，包括多元回归分析、逐步回归分析及其他回归分析方法（差值回归法、加权回归法、正交多项式回归法）；

（4）重点介绍水工建筑物安全监测的统计模型，包括变形监测统计模型。

5.1　监测资料分析内容与分析方法概述

5.1.1　分析内容

大坝、各水工建筑物、地下洞室、边坡等各类监测资料整理的方法和内容，通常包括监测资料的收集、整理、分析、反馈及评判决策五个方面：

（1）收集。监测数据的采集及与之相关的其他资料的收集、记录、存储、传输和表示等。

（2）整理。原始观测数据的检验、物理量计算、填表制图、异常值的识别剔除、初步分析和整编等。

（3）分析。通常采用比较法、作图法、特征值统计法和各种数学、物理模型法，分析各监测物理量值大小、变化规律、发展趋势、各种原因量和效应量的相关关系及相关程度正分析，以及对水利工程的安全状态和应采取的技术措施进行评估决策。其中，数学、物理模型法有统计学模型、确定性模型、混合性模型，还有最近发展起来的模糊数学模型、灰色系统理论模型、神经网格模型等。在确定性模型和混合性模型中，通常要配合采用反分析方法进行物理力学模式的识别和有关参数的反演。

（4）安全预报和反馈。应用监测资料整理和正、反分析的成果，选用适宜的分析理论、模型和方法，分析解决水利工程面临的实际问题，重点是安全评估和预报，补充加固措施和对设计、施工及运行方案的优化，实现对水利工程系统的反馈控制。

（5）综合评判和决策。应用系统工程理论方法，综合利用所收集的各种信息资料，在各单项监测成果的整理、分析和反馈基础上，采用有关决策理论和方法（如风险性决策等），对各项资料和成果进行综合比较与推理分析，评判水工建筑物和水利工程的安全状态，制定防范措施和处理方案。综合评判和决策是反馈分析工作的深入与扩展。

5.1.2　分析方法（定性分析、定量分析、综合分析）

对于不同类别的水利工程以及在安全监测的不同时段，由于监测资料整理分析的目

的、要求和实施条件的不同,所依据的原理和原则也不完全一致,因而整理分析的方法和内容存在相当大的差别。例如:

第一,工作范围不同。如除大坝和坝基在蓄水等关键时段外,对多数工程的评判决策是由技术决策人员根据监测资料整理分析的成果直接做出的,一般不需引进专门的决策理论和方法。另外,对地下工程的施工期施工设计的反馈分析作用很大,但对其他水利工程施工期情况则有显著不同,故在一些情况下,反馈分析也可不同程度地从简。

第二,基本内容的差异。在监测资料分析中,对建筑物地基和地下洞室,在施工期若无特殊需要,可不进行数学和物理力学模型的模拟分析,或只需采用较简化的模型。对大坝和坝基的运行期资料,一般只需采用统计学模型分析,而不必引用确定性模型或混合性模型。对施工期大坝和坝基变形、渗流量及渗透压力等重要项目资料,只在必要时才采用确定性模型和混合性模型进行分析。

第三,整理分析反馈方法的区别。由于所依据的规则和原理的不同,在不同类别的水利工程中,有时需引进专用的方法进行监测资料整理分析和反馈,如边坡安全预报中的斋藤法等。这些专用方法对该类工程是其他通用方法无法替代的,但在其他工程中则没有任何意义。例如地下工程常常采用的反分析方法,在向其他水利工程推广过程中,亦需进行较大改进,并不是完全通用和可简单照抄的。

在水利工程监测资料整理分析反馈中,必须充分考虑不同类别水利工程和不同监测时段的具体特点,因地制宜,灵活掌握。首先应遵照本类工程有关规程规范的具体要求,在规程规范难以满足工程需求的特定工程条件下,可以参照相近的其他类别工程规程规范或操作方法,但不宜机械照搬。

5.2　监测数据的误差分析

5.2.1　观测数据误差

观测数据误差有下列三种:

(1)过失误差。它是一种错误数据,一般是由观测人员的过失引起的,如:①读数和记录的错误;②将数据输入计算机时把数据输错等引起的错误;③将仪器编号弄错所引起的错误。这种误差往往在数据上反映出很大的异常,甚至与物理意义明显相悖。在资料整理时(在相应的过程线和其他图表中)比较容易发现。遇到这种误差时,可直接将其剔除掉,再根据历史和相邻资料进行补差。

(2)偶然误差(又称随机误差)。它是由于人为不易控制的互相独立的偶然因素作用而引起的。如:①观测电缆头不清洁;②电桥指针不对零;③观测接线时接头拧得松紧不一样。这种误差是随机性的,客观上难以避免,在整体上服从正态分布规律,可采用常规误差分析理论进行分析处理。

(3)系统误差。它与偶然误差相反,是由观测母体的变化所引起的误差。所谓母体变化,就是观测条件的变化,是由于仪器结构和环境所造成的。这种误差通常为一常数或为按一定规则变化的量,也有不规则变化的量。明显的特点是,它使得测值总是向一个方向偏离,例如总是偏大或偏小,一般可以通过校正仪器消除。在校正时,应该在校正前后各观测一次取得的数据,记录校正前后测值大小的差值,并利用这个差值修改校正以前的数据。

系统误差检测的数学方法比较复杂,有剩余误差观察法、剩余误差校核法、计算数据比较法和 μ 检验等,可参考专门文献。

系统误差的产生有来自人员、仪器、环境、观测方法等多方面的原因,如:①电缆增长和剪短以及施工时砸断重新联结;②观测读数仪表调换引起的误差;③仪器质量引起的观测误差,如仪器内部绕线瓷框的松动,使测值突变,有时电阻比变化（300 ~ 400）× 0.01%,仪器虽能观测,但仪器测值可信度值得怀疑,还有仪器进水,使绝缘度降低引起测值变化,仪器质量引起误差,应根据具体情况分析处理。

5.2.2　粗差的判识和处理

粗差是指粗大误差,通常来自过失误差或偶然误差。粗差处理的关键在于粗差的识别,粗差的识别和剔除可以采用人工判断与统计分析两种方法。

5.2.2.1　人工判断法

人工判断是通过与历史的或相邻的观测数据相比较,或通过所测数据的物理意义判断数据的合理性。为能够在观测现场完成人工判断的工作,应该把以前的观测数据（至少是部分数据）带到现场,做到观测现场随时校核、计算观测数据。在利用计算机处理时,计算机管理软件应提供对所有观测仪器上次观测数据的一览表,以便在进行观测资料的人工采集时有所参照。也可在观测原始记录表中列出上次观测时间和数据栏,其内容可以由计算机自动给出。

人工判断的另一主要方法是作图法,即通过绘制观测数据过程线或监控模型拟合曲线,以确定哪些是可能粗差点。人工判别后,再引入包络线或 3σ 法判识。

5.2.2.2　包络线法

将监控物理量 f 分解为各原因量（水压、温度、时效等）分效应 $f(h)$、$f(T)$、$f(t)$ 等之和,用实测或预估方法确定各原因量分效应的极大、极小值,即可得监控物理量 f 的包络线:

$$\max(f) = \max(f(h)) + \max(f(T)) + \max(f(t)) + \cdots$$
$$\min(f) = \min(f(h)) + \min(f(T)) + \min(f(t)) + \cdots$$

5.2.2.3　统计分析法

1)"3σ"法

设进行了 n 次观测,所得到的第 i 个测值为 $U_i(i = 1, 2, \cdots, n)$,连续三次观测的测值分别为 U_{i-1}, U_i, U_{i+1}($i = 2, 3, \cdots, n - 1$),第 i 次观测的跳动特征定义为

$$d_i = |2 \times U_i - (U_{i-1} + U_{i+1})|$$

跳动特征的算术平均值为

$$\bar{d} = \left(\sum_{i=2}^{n-1} d_i \right) \Big/ (n - 2)$$

跳动特征的均方差为

$$\sigma = \sqrt{\left(\sum_{i=2}^{n-1} (d_i - \overline{d})^2 \middle/ (n-3) \right)}$$

相对差值为

$$q_i = |(d_i - \overline{d})| / \sigma$$

如果 $q_i > 3$，就可以认为它是异常值，可以舍去，可以用插值方法得到它的替代值。

2）统计回归法

把以往的观测数据利用合理的回归方程进行统计回归计算，如果某一个测值离差为 $2 \sim 3$ 倍标准差，就认为该测值误差过大，因而可以舍弃，并利用回归计算结果代替这个测值。

其他比较复杂的处理方法可参考《数学手册》中第十七章"误差理论与实验数据处理"（人民教育出版社，1979）。

5.3　统计回归分析方法

5.3.1　统计学方法概述

水工建筑物的观测物理量大致可以归纳为两大类：第一类为荷载集，如水压力、泥沙压力、温度（包括气温、水温、坝体混凝土和坝基的温度）、地震荷载等；第二类为荷载效应集，如变形、裂缝开度、应力、应变、扬压力或孔隙水压力、渗流量和水质等。通常将荷载集称为自变量或预报因子（用 $x_1, x_2, \cdots, x_k$ 表示），荷载效应集称为因变量或预报量（用 y 表示）。

在坝工实际问题中，影响一个事物的因素往往是复杂的。例如大坝位移，除受库水压力（水位）影响外，还受到温度、渗流、施工、地基、周围环境以及时效等因素的影响。扬压力或孔隙水压力受库水压力、岩体节理裂隙的闭合、坝体应力场、防渗工程措施以及时效等影响。因此，在寻找预报量与预报因子之间的关系式时，不可避免地要涉及许多因素，找出各个因素对某一预报量的影响，建立它们之间的数学表达式，即回归模型。借此推算某一组荷载集时的预报量，并与其实测值比较，以判别建筑物的工作状况，对建筑物进行监控。同时，分离方程中的各个分量，并用其变化规律，分析和估计建筑物的结构性态。

5.3.2　多元回归分析

5.3.2.1　回归方程

回归分析的中心问题是由变量组 $(x_1, x_2, \cdots, x_k; y)$ 得到母体资料，即 N 组观测数据

$$x_{1t}, x_{2t}, \cdots, x_{kt}; y_t \quad (t = 1, 2, \cdots, N; N \gg k)。$$

对线性回归方程

$$y = B_0 + B_1 x_1 + B_2 x_2 + \cdots + \varepsilon = B_0 + \sum_{i=1}^{k} B_i x_i + \varepsilon \tag{5-1}$$

进行最佳拟合，求出 B_0、B_i，建立预报量 y 和自变量 $x_1, x_2, \cdots, x_k$ 之间的数学表达式，即理论回归方程或真正回归方程。然而，在实际工程问题中是不可能求得的。数理统计理论

讨论的一切问题都是抽样估计问题,也就是在母体资料中随机地抽取部分子样

$$x_{1t},\ x_{2t},\cdots,x_{kt};\ y_t \quad (t=1,2,\cdots,n;n<N)_{\circ}$$

根据上述子样资料对母体的数量特征和规律性进行估计,即用 b_0、b_1、b_2、$\cdots$、b_k 作为 B_0、B_1、B_2、$\cdots$、B_k 的估计值,则所得的回归方程称为经验回归方程:

$$\hat{y} = b_0 + \sum_{i=1}^{k} b_i x_i \tag{5-2}$$

在回归分析时,有三个基本假定:

(1)误差 ε 没有系统性,它的数学期望全为零,$E(\varepsilon_t)=0$ $(t=1,2,\cdots,n)$。

(2)各次观测互相独立,并有相同的精度,即 ε_t 之间的协方差可表示为

$$\mathrm{cov}\ (\varepsilon_i,\varepsilon_j) = \begin{cases} 0 & i \neq j \\ \sigma^2 & i = j \end{cases}$$

(3)观测误差呈正态分布,即 $\varepsilon_t \sim N(0,\sigma^2)$。

下面介绍估计 b_0、b_i 的方法以及有效性和精度等问题。

5.3.2.2　法方程式

k 元线性回归涉及 k 个自变量,则自变量与因变量有 n 组观测资料系列:

$$\left.\begin{array}{l} x_{11},x_{21},\cdots,x_{k1};y_1 \\ x_{12},x_{22},\cdots,x_{k2};y_2 \\ \vdots \\ x_{1i},x_{2i},\cdots,x_{ki};y_i \\ \vdots \\ x_{1n},x_{2n},\cdots,x_{kn};y_n \end{array}\right\} \tag{5-3}$$

那么,确定 k 元线性经验回归方程(5-2)可归结为根据上述观测资料(子样)来确定 b_0、b_1、b_2、$\cdots$、b_k 的问题。

设因变量 y_t 的估计值为

$$y_t^* = b_0 + \sum_{i=1}^{k} b_i x_{it}$$

y^* 与实测值 y_t 的剩余平方和为

$$Q = \sum_{t=1}^{n} (y_t^* - y_t)^2 = \sum_{t=1}^{n} \left[(b_0 + \sum_{i=1}^{k} b_i x_{it}) - y_t \right]^2 \tag{5-4}$$

根据最小二乘法原理

$$\frac{\partial Q}{\partial b_0}=0, \frac{\partial Q}{\partial b_1}=0, \cdots, \frac{\partial Q}{\partial b_k}=0 \tag{5-5}$$

得到求解 $b_i(i=1,2,\cdots,k)$ 的法方程

$$\begin{bmatrix} S_{11} & S_{12} & \cdots & S_{1k} \\ S_{21} & S_{22} & \cdots & S_{2k} \\ \vdots & \vdots & & \vdots \\ S_{k1} & S_{k2} & \cdots & S_{kk} \end{bmatrix} \begin{Bmatrix} b_1 \\ b_2 \\ \vdots \\ b_k \end{Bmatrix} = \begin{Bmatrix} S_{1y} \\ S_{2y} \\ \vdots \\ S_{ky} \end{Bmatrix} \tag{5-6}$$

$$
其中 \quad
\left.
\begin{aligned}
S_{ij} = S_{ji} &= \sum_{t=1}^{n} (x_{it} - \bar{x}_i)(x_{jt} - \bar{x}_j) \\
&= \sum_{t=1}^{n} x_{it}x_{jt} - \frac{1}{n}\left(\sum_{t=1}^{n} x_{it}\right)\left(\sum_{t=1}^{n} x_{jt}\right) \quad (i \neq j) \\
S_{ii} &= \sum_{t=1}^{n} (x_{it} - \bar{x}_i)^2 = \sum_{t=1}^{n} x_{it}^{2} - \frac{1}{n}\left(\sum_{t=1}^{n} x_{it}\right)^2 \\
S_{iy} &= \sum_{t=1}^{n} (x_{it} - \bar{x}_i)(y_t - \bar{y}) = \sum_{t=1}^{n} x_{it}y_t - \frac{1}{n}\left(\sum_{t=1}^{n} x_{it}\right)\left(\sum_{t=1}^{n} y_t\right) \\
\bar{y} &= \sum_{t=1}^{n} \frac{y_t}{n}, \bar{x} = \sum_{t=1}^{n} \frac{x_{it}}{n} \\
&\quad i,j = 1,2,\cdots,k
\end{aligned}
\right\}
\tag{5-7}
$$

式(5-6)中,$S_{ij} = S_{ji}$。因此,方程中的系数矩阵可简写为

$$
[S_{ij}] = \begin{bmatrix} S_{11} & S_{12} & \cdots & S_{1k} \\ S_{21} & S_{22} & \cdots & S_{2k} \\ \vdots & \vdots & & \vdots \\ S_{k1} & S_{k2} & \cdots & S_{kk} \end{bmatrix}
\tag{5-8}
$$

b_i 与 S_{iy} 的列阵简写为

$$
\{b_i\} = \begin{Bmatrix} b_1 \\ b_2 \\ \vdots \\ b_k \end{Bmatrix}, \qquad \{S_{iy}\} = \begin{Bmatrix} S_{1y} \\ S_{2y} \\ \vdots \\ S_{ky} \end{Bmatrix}
\tag{5-9}
$$

则式(5-6)简写为

$$
[S_{ij}]\{b_i\} = \{S_{iy}\}
\tag{5-10}
$$

如果 $[S_{ij}]$ 可逆,上式有唯一解

$$
\{b_i\} = [S_{ij}]^{-1}\{S_{iy}\}
\tag{5-11}
$$

则

$$
b_0 = \bar{y} - \sum_{i=1}^{k} b_i \bar{x}_i
\tag{5-12}
$$

根据观测资料:x_{1t}, x_{2t}, $\cdots$, x_{kt}; $y_t (t = 1,2,\cdots,n; n > k)$。用式(5-7)可求出 S_{ij}, S_{ii}, S_{iy}。那么由式(5-6)或式(5-10)求出 $b_i (i = 1,2,\cdots,k)$。然后,用式(5-12)求出 b_0。因此,求得回归方程

$$
\hat{y} = b_0 + \sum_{i=1}^{k} b_i x_i
$$

5.3.2.3 回归方程的有效性和精度

用上述方法建立的回归方程,只有其计算值与实测值的拟合以及预报值在一定精度的条件下才能有效。衡量有效性和精度的主要指标有复相关系数及标准差。下面讨论其计算公式。

(1)离差平方和、剩余平方和以及回归平方和。

　　在观测数据中,因变量 y 是变化的, y 取值的这种波动现象称为变差。对每次观测值 y_t ,变差的大小用 y_t 与平均值 $\bar{y}$ 的差来表示,则 $y_t - \bar{y}$ 称为离差。n 次观测值的总变差可由这些离差的平方和

$$S_{yy} = \sum_{t=1}^{n} (y_t - \bar{y})^2 \tag{5-13}$$

来表示。

　　分解上式得到

$$S_{yy} = \sum_{t=1}^{n} (y_t - \bar{y})^2 = \sum_{t=1}^{n} (y_t - \hat{y})^2 + \sum_{t=1}^{n} (\hat{y} - \bar{y})^2 \tag{5-14}$$

记

$$Q = \sum_{t=1}^{n} (y_t - \hat{y})^2 = S_{yy} - \sum_{i=1}^{k} b_i S_{iy} \tag{5-15}$$

$$U = \sum_{t=1}^{n} (\hat{y} - \bar{y})^2 = \sum_{i=1}^{k} b_i S_{iy} \tag{5-16}$$

　　定义:Q 为剩余平方和,表示实测值 y_t 对回归值 $\hat{y}$ 的离差平方和。U 为回归平方和,反映回归值 $\hat{y}$ 对 $\bar{y}$ 的离差平方和。

　　式中:b_i 为回归系数。其他符号的含义见式(5-7)。

　　从式(5-14)可以看出:对一定的子样, S_{yy} 是定值,则 Q 越小, U 越大,说明回归值与实测值的拟合精度越好;反之,则拟合精度越差。

　　(2)复相关系数(R)。

　　为了表示 y 对 x_1, x_2, $\cdots$, x_k 呈线性相关的密切程度,用复(全)相关系数(R)表示

$$R = \sqrt{U/S_{yy}} \tag{5-17}$$

　　从上式看出:R 表示回归平方和占总离差平方和的大小。R 越大, U 越大, Q 越小,则表示线性回归的效果就越好。因而 R 在一定程度上是衡量预报取值精度的指标。

　　计算 R 时,根据式(5-16)和式(5-17),得到

$$R = \sqrt{\frac{\sum_{i=1}^{k} b_i S_{iy}}{S_{yy}}}$$

　　由于 U 总是 S_{yy} 的一部分,所以

$$0 \leqslant R \leqslant 1$$

　　注意,由于 R 只有一个,故 R 取正值。

　　(3)剩余标准差 S 。

　　衡量回归精度的另一个指标是剩余标准差,其计算公式为

$$S = \sqrt{\frac{Q}{f_Q}} \tag{5-18}$$

式中　　f_Q——剩余平方和的自由度,$f_Q = n - k - 1$。

　　将式(5-15)代入式(5-18),得到

$$S = \sqrt{\frac{S_{yy} - \sum_{i=1}^{k} b_i S_{iy}}{n - k - 1}} \tag{5-19}$$

（4）复相关系数的检验。

建立上述回归方程，并计算其复相关系数(R)后，还需要进行下列统计检验：

由上分析知，R 是衡量 U 占 S_{yy} 的比重，R 越大，说明回归效果越好，反之越差。那么 R 是多少时，回归方程才有效呢？为此需要进行统计检验。

用下列统计量进行检验

$$F_{k,n-k-1} = \frac{R^2/k}{(1-R^2)/(n-k-1)} \tag{5-20}$$

根据所定的显著水平 α 以及自由度$(f_1 = k, f_2 = n-k-1)$，查文献[5]附录表 2-1，得到 F 的临界值 F_{f_1,f_2}^{α}。

当 $F_{k,n-k-1} \geq F_{f_1,f_2}^{\alpha}$ 时，说明线性回归在 σ 水平上显著，回归方程有效；当 $F_{k,n-k-1} < F_{f_1,f_2}^{\alpha}$ 时，说明回归方程无效。α 一般取 1% ~ 5%。

5.3.2.4　预报因子的重要性考察

在建立多元线性回归方程后，还要考虑 k 个因素（自变量）对因变量的作用，即哪些是主要因素，哪些是次要因素。考虑到下面逐步回归分析时的应用，这里介绍两种比较方法。

1）标准回归系数比较法

回归方程中的回归系数 b_i 表示查其他所有因素不变的条件下，x_i 变化一个单位所引起的 y 平均变化的大小，因此它的绝对值越大，该因素就越重要。然而，回归系数是有单位的，因此各因子的回归系数的单位不同，使其数值的大小不能反映该因子对因变量采用单位的影响，而采用：

（1）标准回归系数。

设多元回归方程为

$$\hat{y} = b_0 + b_1 x_1 + b_2 x_2 + \cdots + b_k x_k \tag{5-21}$$

将 x_i 变换为

$$x_i' = \sqrt{\frac{S_{yy}}{S_{ii}}} x_i \ (i = 1, 2, \cdots, k) \tag{5-22}$$

则式（5-21）变为

$$\hat{y} = b_0 + b_1' \sqrt{\frac{S_{yy}}{S_{11}}} x_1 + b_2' \sqrt{\frac{S_{yy}}{S_{22}}} x_2 + \cdots + b_k' \sqrt{\frac{S_{yy}}{S_{kk}}} x_k \tag{5-23}$$

比较式（5-21）与式（5-23），得到

$$b_i' = b_i \sqrt{\frac{S_{ii}}{S_{yy}}} \quad (i = 1, 2, \cdots, k) \tag{5-24}$$

从式（5-24）看出：b_i' 与 y、x_i 所取的单位无关，因此它的绝对值越大，相应的因素对 y 的影响也就越大。所以，b_i' 称为 y 对 x_i 的标准回归系数。

（2）标准化的法方程式。

将 $b_i = b_i' \sqrt{\dfrac{S_{yy}}{S_{ii}}}$ $(i = 1, 2, \cdots, k)$ 代入式 (5-6)，并在等号两边除以 $\sqrt{S_{ii} S_{yy}}$ 以后，则变为

$$
\begin{bmatrix}
\dfrac{S_{11}}{\sqrt{S_{11}}\sqrt{S_{11}}} & \dfrac{S_{12}}{\sqrt{S_{11}}\sqrt{S_{22}}} & \cdots & \dfrac{S_{1k}}{\sqrt{S_{11}}\sqrt{S_{kk}}} \\[3mm]
\dfrac{S_{21}}{\sqrt{S_{22}}\sqrt{S_{11}}} & \dfrac{S_{22}}{\sqrt{S_{22}}\sqrt{S_{22}}} & \cdots & \dfrac{S_{2k}}{\sqrt{S_{22}}\sqrt{S_{kk}}} \\[3mm]
\vdots & \vdots & & \vdots \\[3mm]
\dfrac{S_{k1}}{\sqrt{S_{kk}}\sqrt{S_{11}}} & \dfrac{S_{k2}}{\sqrt{S_{kk}}\sqrt{S_{22}}} & \cdots & \dfrac{S_{kk}}{\sqrt{S_{kk}}\sqrt{S_{kk}}}
\end{bmatrix}
\begin{Bmatrix}
b_1' \\[2mm] b_2' \\[2mm] \vdots \\[2mm] b_k'
\end{Bmatrix}
=
\begin{Bmatrix}
\dfrac{S_{1y}}{\sqrt{S_{11}}\sqrt{S_{yy}}} \\[3mm]
\dfrac{S_{2y}}{\sqrt{S_{22}}\sqrt{S_{yy}}} \\[3mm]
\vdots \\[3mm]
\dfrac{S_{ky}}{\sqrt{S_{kk}}\sqrt{S_{yy}}}
\end{Bmatrix}
\tag{5-25}
$$

定义 $r_{ij} = \dfrac{S_{ij}}{\sqrt{S_{ii}}\sqrt{S_{jj}}}$ $(i = 1, 2, \cdots, k; j = 1, 2, \cdots, k)$，称为简单相关系数。$S_{ij}$ 的计算公式见式 (5-7)。

则式 (5-25) 变为

$$
\begin{bmatrix}
r_{11} & r_{12} & \cdots & r_{1k} \\
r_{21} & r_{22} & \cdots & r_{2k} \\
\vdots & \vdots & & \vdots \\
r_{k1} & r_{k2} & \cdots & r_{kk}
\end{bmatrix}
\begin{Bmatrix}
b_1' \\ b_2' \\ \vdots \\ b_k'
\end{Bmatrix}
=
\begin{Bmatrix}
r_{1y} \\ r_{2y} \\ \vdots \\ r_{ky}
\end{Bmatrix}
\tag{5-26}
$$

求出 b_i' $(i = 1, 2, \cdots, k)$ 后，当 r_{ij} $(i \neq j) \approx 0$ 时，可用 b_i' 的大小来估计 x_i 对 y 的作用。

2) 偏回归平方和比较法

(1) 偏回归平方和。

由式 (5-16)

$$
U = \sum_{i=1}^{k} b_i S_{iy} \tag{5-27}
$$

回归平方和是所有自变量对 y 变差的总贡献，当自变量越多，回归平方和就越大。增加自变量所增加的回归平方和同该自变量与 y 的作用有关。增加对 y 作用较大的自变量，将使回归平方和增加量越大，反之就越小。如果在回归方程中去掉一个因子，回归平方和就要减少；减少的分量越大，说明该因子对 y 的作用就越重要。因此，将取消一个自变量后回归平方和的减少量，称为这个因子的偏回归平方和，而利用偏回归平方和衡量该因子对 y 的作用大小，就称为偏回归平方和比较法。

(2) 偏回归平方和的计算。

在 k 元回归方程式中，去掉一个自变量 x_i 后，则余下的 $k-1$ 元方程为

$$
\hat{y} = b_0^* + b_1^* x_1 + b_2^* x_2 + \cdots + b_{i-1}^* x_{i-1} + b_{i+1}^* x_{i+1} + \cdots + b_k^* x_k \tag{5-28}
$$

b_j^* $(j = 1, 2, \cdots, i-1, i+1, \cdots, k)$ 同 b_j 的关系为

$$
b_j^* = b_j - \dfrac{C_{ij}}{C_{ii}} b_i \quad (i \neq j) \tag{5-29}
$$

式(5-29)中的 C_{ii}、C_{ij} 是 k 元回归方程中的系数矩阵式(5-8)的逆矩阵 C 中的元素

$$C = \begin{bmatrix} C_{11} & C_{12} & \cdots & C_{1k} \\ C_{21} & C_{22} & \cdots & C_{2k} \\ \vdots & \vdots & & \vdots \\ C_{k1} & C_{k2} & \cdots & C_{kk} \end{bmatrix} = \frac{\text{adj} S}{\det S} \tag{5-30}$$

元素 C_{ij} 是在 C 的第 i 行第 j 列,当 $i = j$ 时 C_{ii} 在 C 的对角线上。

求出 b_j^* 后,则

$$b_0^* = \bar{y} - b_1^* \bar{x}_1 - b_2^* \bar{x}_2 - \cdots - b_{i-1}^* \bar{x}_{i-1} - b_{i+1}^* \bar{x}_{i+1} - \cdots - b_k^* \bar{x}_k \tag{5-31}$$

因此,从 k 元回归方程中去掉 x_i 自变量后,$k-1$ 元回归方程从原方程中可直接推出。

在去掉自变量 x_i 后,总回归平方和的减少量,可从回归系数和 C 矩阵的元素直接推出,在这里省去详细的推导,这个减少量 P_i 为

$$P_i = \frac{b_i^2}{C_{ii}} \tag{5-32}$$

式中 P_i——偏回归平方和。

(3)各个因子的重要性考察。

凡是偏回归平方和大的因子,对 y 一定有重要影响,至于偏回归平方和大到什么程度才显著,则要对其进行检验,为此先要计算统计量

$$F_i = \frac{P_i}{S^2} = \frac{b_i^2}{C_{ii} S^2} \tag{5-33}$$

F_i 临界值 F_{f_1, f_2}^α,查 F 的分布表(文献[5]附录表2-1)。查表时,F_i 的第一自由度 $f_1 = 1$,第二自由度 $f_2 = n - k - 1$,给定显著性水平 α。当 $F_i \geqslant F_{f_1, f_2}''$ 时,x_i 在 α 水平上对 y 有显著作用;当 $F_i < F_{f_1, f_2}''$ 时,x_i 在 α 水平上对 y 的作用不显著。

5.3.2.5 相关性分析

(1)因子相关时,对标准回归系数的影响。

由式(5-26)看出:b_i' 与各因子的简单相关系数有关。证明如下:

根据克莱姆法则求解式(5-26)的 b_i',

$$b_i' = \begin{vmatrix} r_{11} & r_{12} & \cdots & r_{1(i-1)} & r_{1y} & r_{1(i+1)} & \cdots & r_{1k} \\ r_{21} & r_{22} & \cdots & r_{2(i-1)} & r_{2y} & r_{2(i+1)} & \cdots & r_{2k} \\ \vdots & \vdots & & \vdots & \vdots & \vdots & & \vdots \\ r_{i1} & r_{i2} & \cdots & r_{i(i-1)} & r_{iy} & r_{i(i+1)} & \cdots & r_{ik} \\ \vdots & \vdots & & \vdots & \vdots & \vdots & & \vdots \\ r_{k1} & r_{k2} & \cdots & r_{k(i-1)} & r_{ky} & r_{k(i+1)} & \cdots & r_{kk} \end{vmatrix} \frac{1}{\det R} \tag{5-34a}$$

其中

$$\boldsymbol{R} = \begin{bmatrix} r_{11} & r_{12} & \cdots & r_{1k} \\ r_{21} & r_{22} & \cdots & r_{2k} \\ \vdots & \vdots & & \vdots \\ r_{i1} & r_{i2} & \cdots & r_{ik} \\ \vdots & \vdots & & \vdots \\ r_{k1} & r_{k2} & \cdots & r_{kk} \end{bmatrix}$$

从式(5-34a)看出,b'_i取决于r_{ij},当$r_{ij} \to 0$时,因$r_{ij} = 1$,则

$$b'_i = \begin{vmatrix} 1 & 0 & \cdots & 0 & r_{1y} & 0 & \cdots & 0 \\ 0 & 1 & \cdots & 0 & r_{2y} & 0 & \cdots & 0 \\ \vdots & \vdots & & \vdots & \vdots & \vdots & & \vdots \\ 0 & 0 & \cdots & 0 & r_{iy} & 0 & \cdots & 0 \\ 0 & 0 & \cdots & 0 & r_{ky} & 0 & \cdots & 1 \end{vmatrix} \frac{1}{\det 1} = r_{iy} \tag{5-34b}$$

此时,b'_i仅取决于r_{iy},与r_{ij}无关。如果$r_{ij} \neq 0$,则b'_i不仅与r_{iy}有关,而且受$r_{ij}(j = 1, 2\cdots, i-1, i+1, \cdots, k)$的影响。因此,这时的$b'_i$不完全表征$x_i$对$y$的贡献。

(2)因子相关时,对偏回归平方和的影响。

同样,当各因子相关时,那么各因子的偏回归平方和的总和并不等于回归平方和,即

$$U = \sum_{i=1}^{k} b_i S_{iy} \neq \sum_{i=1}^{k} P_i \tag{5-35}$$

证明如下:

当x_i、x_j之间不相关时,$r_{ij} \to 0$,这时正规方程的系数矩阵(5-8)变为

$$\boldsymbol{S} = \begin{bmatrix} S_{11} & & & 0 \\ & S_{22} & & \\ & & \ddots & \\ 0 & & & S_{kk} \end{bmatrix}$$

$$\boldsymbol{C} = \frac{\text{adj } \boldsymbol{S}}{\det \boldsymbol{S}}$$

其逆矩阵

$$\text{adj } \boldsymbol{S} = \begin{bmatrix} S_{22}S_{33}\cdots S_{kk} & & & 0 \\ & S_{11}S_{33}\cdots S_{kk} & & \\ & & \ddots & \\ 0 & & & S_{11}S_{22}\cdots S_{(k-1)(k-1)} \end{bmatrix}$$

$$\det \boldsymbol{S} = S_{11}S_{22}S_{33}\cdots S_{kk}$$

那么偏回归平方和的总和

$$C = \begin{bmatrix} \dfrac{1}{S_{11}} & & & 0 \\ & \dfrac{1}{S_{22}} & & \\ & & \ddots & \\ 0 & & & \dfrac{1}{S_{kk}} \end{bmatrix}$$

那么偏回归平方和的总和

$$\sum_{i=1}^{k} P_i = \sum_{i=1}^{k} \frac{b_i^2}{C_{ii}} = \sum_{i=1}^{k} b_i^2 S_{ii} = U$$

因此,当 x_i 和 x_j 不相关时,$U = \sum_{i=1}^{k} P_i$。如果因子相同,由于 C 中的 $C_{ii} \neq \dfrac{1}{S_{ii}}$,所以 $U \neq \sum_{i=1}^{k} P_i$。

5.3.3　逐步回归分析

在回归分析的实际应用中,总是选取与 y 有一定关系的一组变量 $(x_1, x_2, \cdots, x_k)$ 作为可能的预报因子。例如,变形选有水位、温度(气温、水温和混凝土温度等)、时间等因子,常达十多个以至几十个因子。理论分析和实际经验证明:把全部预报因子放入回归方程,往往使法方程(5-6)的系数矩阵 S_{ij} 蜕化,从而无法求解或解得的回归方程精度不高,实际中无法应用。因此,必须根据对 y 贡献的大小选入回归方程,使建立的回归方程只包含显著的因子,不包含不显著的因子,同时,方程的 Q(或 S^2)较小,即为最佳回归方程。

逐步回归分析法是从一个预报因子开始,按其对因变量作用的显著程度,从大到小地依次逐个地引入回归方程。同时,当先引入的因子由于后面的因子引入而变得不显著时,就将它剔除。因此,逐步回归是有的步引入因子,有的步剔除因子,而每一步都要作统计检验(F 检验),以保证每次引入新的显著因子以前,回归方程中只包含有显著因子,直到显著因子都包括在回归方程以内。

下面介绍逐步回归分析法的基本原理、主要步骤及其运算的主要公式。

5.3.3.1　基本原理

将法方程(5-6)改写为

$$\begin{bmatrix} a_{11} & a_{12} & \cdots & a_{1k} \\ a_{21} & a_{22} & \cdots & a_{2k} \\ \vdots & \vdots & & \vdots \\ a_{k1} & a_{k2} & \cdots & a_{kk} \end{bmatrix} \begin{Bmatrix} b_1 \\ b_2 \\ \vdots \\ b_k \end{Bmatrix} = \begin{bmatrix} C_{11} & C_{12} & \cdots & C_{1k} \\ C_{21} & C_{22} & \cdots & C_{2k} \\ \vdots & \vdots & & \vdots \\ C_{k1} & C_{k2} & \cdots & C_{kk} \end{bmatrix} \begin{Bmatrix} S_{1y} \\ S_{2y} \\ \vdots \\ S_{ky} \end{Bmatrix} \tag{5-36}$$

或简写为

$$[a_{ij}] \{b_j\} = [C_{ij}] \{S_{jy}\} \tag{5-37}$$

开始计算时取 $[a_{ij}] = [S_{ij}]$,这时 $[C_{ij}] = [\delta_{ij}]$ 是一个 k 阶的单位矩阵。用逐步回归

分析法求解(5-37)的过程,就是通过对 b_j 的一步一步消元变换,将$[a_{ij}]$变为$[\delta_{ij}]$以及$[C_{ij}]$变为$[S_{ij}]^{-1}$的过程,从而建立一系列过渡性回归方程

$$y^{(1)} = b_0^{(1)} + b_1^{(1)} x_{k1},$$
$$y^{(2)} = b_0^{(2)} + b_1^{(2)} x_{k1} + b_2^{(2)} x_{k2},$$
$$\cdots,$$
$$y^{(m)} = b_0^{(m)} + \sum_{i=1}^{m} b_i^{(m)} x_{ki} \tag{5-38}$$

在第 m 步$(1 \leqslant m \leqslant k)$消元过程中,相当于在(5-37)的两边乘以一个变换矩阵

$$\boldsymbol{D}_k = \begin{bmatrix} 1 & & & -\dfrac{a_{1m}}{a_{mm}} & & & \\ & \ddots & & \vdots & & & \\ & & 1 & -\dfrac{a_{m-1,m}}{a_{mm}} & & & \\ & & & \dfrac{1}{a_{mm}} & & & \\ & & & -\dfrac{a_{m+1,m}}{a_{mm}} & 1 & & \\ & & & \vdots & & \ddots & \\ & & & -\dfrac{a_{km}}{a_{mm}} & & & 1 \end{bmatrix} \tag{5-39}$$

即

$$\boldsymbol{D}_k[a_{ij}]\{b_j\} = \boldsymbol{D}_k[C_{ij}]\{S_{jy}\} \tag{5-40}$$

由此可见,消去一个未知量 b_m,把预报因子 x_m 引入回归方程,就是用单位矩阵 $[\delta_{ij}]$ 的第 m 个列向量,置换$[a_{ij}]$中的相应列向量,$[a_{ij}]$中的其他元素也进行相应变换。这时,$[C_{ij}]$中的第 m 个单位列向量用新列向量

$$\left[-\dfrac{a_{1m}}{a_{mm}} \quad \cdots \quad -\dfrac{a_{m-1,m}}{a_{mm}} \quad \dfrac{1}{a_{mm}} \quad -\dfrac{a_{m+1,m}}{a_{mm}} \quad \cdots \quad -\dfrac{a_{km}}{a_{mm}} \right]^{\mathrm{T}} \tag{5-41}$$

来代替,其他元素也作相应变换。

经过若干步计算以后,回归方程中选入一些预报因子 x_m。这时,在$[a_{ij}]$中,对应已选因子 x_m 的各列用相应的单位列向量置换,而$[C_{ij}]$中的相应各列引入新的向量。所以,$[a_{ij}]$中的单位列向量对应已选的预报因子;$[C_{ij}]$中保留的单位列向量对应待选的预报因子,总数 k 是不变的。因此,每步计算,在式(5-41)中形成单位列向量的地方存放新形成的列向量。

$[a_{ij}]$、$[C_{ij}]$中的非单位列向量合并后的矩阵,仍用$[a_{ij}]$表示。用 a'_{ij} 表示消元变换后新形成矩阵的元素。根据式(5-39)和式(5-40),对两类消元变换过程有着同样的消元算法,即

$$
\left[\,a'_{ij}\,\right]=\begin{cases} a_{ij}-\dfrac{a_{im}a_{mj}}{a_{mm}} & (i\neq m,j\neq m)\\[3mm] \dfrac{a_{mj}}{a_{mm}} & (i=m,j\neq m)\\[3mm] -\dfrac{a_{im}}{a_{mm}} & (i\neq m,j=m)\\[3mm] \dfrac{1}{a_{mm}} & (i=m,j=m) \end{cases} \tag{5-42}
$$

5.3.3.2 逐步回归分析的基本步骤

综合筛选预报因子的统计检验式(5-33)和矩阵的基本运算公式(5-42),可将逐步回归计算的全过程分为下列基本步骤。

1)计算相关矩阵

为了提高计算结果的精度,用二次均值算法代替一次均值算法,用标准化的相关矩阵 $[r_{ij}]$ 代替 $[S_{ij}]$,扩展成 $k+1$ 阶矩阵,y 用 n 表示,即

$$
\begin{bmatrix} S_{11} & S_{12} & \cdots & S_{1k} & S_{1n}\\ S_{21} & S_{22} & \cdots & S_{2k} & S_{2n}\\ \vdots & \vdots & & \vdots & \vdots\\ S_{k1} & S_{k2} & \cdots & S_{kk} & S_{kn}\\ S_{n1} & S_{n2} & \cdots & S_{nk} & S_{nn} \end{bmatrix} \rightarrow \begin{bmatrix} r_{11} & r_{12} & \cdots & r_{1k} & r_{1n}\\ r_{21} & r_{22} & \cdots & r_{2k} & r_{2n}\\ \vdots & \vdots & & \vdots & \vdots\\ r_{k1} & r_{k2} & \cdots & r_{kk} & r_{kn}\\ r_{n1} & r_{n2} & \cdots & r_{nk} & r_{nn} \end{bmatrix} \tag{5-43}
$$

式中,S_{ij} 的计算公式见式(5-7),$r_{ij}=\dfrac{S_{ij}}{\sqrt{S_{ii}S_{jj}}}$。

标准化的法方程式(5-26):

$$
\begin{bmatrix} r_{11} & r_{12} & \cdots & r_{1k}\\ r_{21} & r_{22} & \cdots & r_{2k}\\ \vdots & \vdots & & \vdots\\ r_{k1} & r_{k2} & \cdots & r_{kk} \end{bmatrix} \begin{Bmatrix} b'_1\\ b'_2\\ \vdots\\ b'_k \end{Bmatrix} = \begin{Bmatrix} r_{1y}\\ r_{2y}\\ \vdots\\ r_{ky} \end{Bmatrix} \tag{5-44}
$$

式中 $b'_i=\sqrt{\dfrac{S_{ii}}{S_{yy}}}\,b_i\quad(i=1,2,\cdots,k)$。

2)因子筛选和消元变换

在逐步回归分析时,第 1、2 步内引入因子分别在因子集合 $\overline{G}^{(0)}$ 与 $\overline{G}^{(1)}$ 中,选择对 y 作用最显著的因子引入回归方程。注意:$G^{(0)}$、$G^{(1)}$ 分别表示第 0 步和第 1 步逐步回归方程中所有包含因子的集合;$\overline{G}^{(0)}$、$\overline{G}^{(1)}$ 分别表示第 0 步和第 1 步不在回归方程中的所有因子集合。从第 3 步开始,先剔后引,即首先剔除在当时回归方程中的不显著因子,然后引入当时回归方程以外对 y 作用显著的因子进入回归方程,引入和剔除因子都要进行 F 检验,并求出各步回归方程的回归系数、复相关系数以及剩余标准差。根据前面介绍的基本原理,引舍因子的主要工作是将式(5-43)中的 $[r_{ij}]$ 进行变换,即将 $[r_{ij}^{(m-1)}]$ 变换为 $[r_{ij}^{(m)}]$。

$$R^{(m-1)} = \begin{bmatrix} r_{11}^{(m-1)} & r_{12}^{(m-1)} & \cdots & r_{1k}^{(m-1)} & r_{1n}^{(m-1)} \\ r_{21}^{(m-1)} & r_{22}^{(m-1)} & \cdots & r_{2k}^{(m-1)} & r_{2n}^{(m-1)} \\ \vdots & \vdots & & \vdots & \vdots \\ r_{k1}^{(m-1)} & r_{k2}^{(m-1)} & \cdots & r_{kk}^{(m-1)} & r_{kn}^{(m-1)} \\ r_{n1}^{(m-1)} & r_{n2}^{(m-1)} & \cdots & r_{nk}^{(m-1)} & r_{nn}^{(m-1)} \end{bmatrix} \xrightarrow{D_m} R^{(m)} = \begin{bmatrix} r_{11}^{(m)} & r_{12}^{(m)} & \cdots & r_{1k}^{(m)} & r_{1n}^{(m)} \\ r_{21}^{(m)} & r_{22}^{(m)} & \cdots & r_{2k}^{(m)} & r_{2n}^{(m)} \\ \vdots & \vdots & & \vdots & \vdots \\ r_{k1}^{(m)} & r_{k2}^{(m)} & \cdots & r_{kk}^{(m)} & r_{kn}^{(m)} \\ r_{n1}^{(m)} & r_{n2}^{(m)} & \cdots & r_{nk}^{(m)} & r_{nn}^{(m)} \end{bmatrix}$$

$$(5\text{-}45)$$

D_m 变换式的形式基本同式(5-7),用 r 表示时,D_m 的表达式为

$$D_m \begin{cases} r_{kj}^{(m)} = r_{kj}^{(m-1)} - r_{kk_m}^{(m-1)} \cdot \dfrac{r_{k_mj}^{(m-1)}}{r_{k_mk_m}^{(m-1)}} & (k \neq k_m, j \neq k_m) \\[3mm] r_{kk_m}^{(m)} = -\dfrac{r_{kk_m}^{(m-1)}}{r_{k_mk_m}^{(m-1)}} & (k \neq k_m) \\[3mm] r_{k_mj}^{(m)} = \dfrac{r_{k_mj}^{(m-1)}}{r_{k_mk_m}^{(m-1)}} & (j \neq k_m) \\[3mm] r_{k_mk_m}^{(m)} = \dfrac{1}{r_{k_mk_m}^{(m-1)}} & (k = k_m, j = k_m) \end{cases}$$

$$(5\text{-}46)$$

经过上述变换后,引、剔因子所用特性值的计算公式如下。

(1)偏回归平方和 $Q_j^{(m)}$。

$$Q_j^{(m)} = \begin{cases} -V_j^{(m)}\sigma_n^2 & (j \in G^{(m)}) \\ V_j^{(m)}\sigma_n^2 & (j \in \overline{G}^{(m)}) \end{cases}$$

$$(5\text{-}47)$$

式中　$Q_j^{(m)}$——第 m 步时,x_j 的偏回归平方和;

$V_j^{(m)} = V_{nj}^{(m)} r_{jn}^{(m)} / r_{jj}^{(m)}$ $(j \in G^{(m)}, j \in \overline{G}^{(m)})$;

$r_{nj}^{(m)}, r_{jn}^{(m)}, r_{jj}^{(m)}$——第 m 步时,$R^{(m)}$ 中的元素。

(2)第 m 步回归方程的剩余平方和 $Q^{(m)}$。

$$Q^{(m)} = \sigma_n^2 r_{nn}^{(m)}$$

$$(5\text{-}48)$$

(3)剔除因子 x'_{k_m} 的检验。

包含在第 m 步回归方程中的因子里,选择偏回归平方和最小的因子 x'_{k_m} 作为剔除对象,即

$$|V_{k_m'}^{(m)}| = \min_{j \in G^{(m)}} |V_j^{(m)}|$$

$$(5\text{-}49)$$

则 x'_{k_m} 的 F 统计量为

$$F_{2,k_m'} = \frac{Q_{k_m'}^{(m)}(N-m-1)}{Q^{(m)}}$$

$$(5\text{-}50)$$

或者　　　　　　　　　$F_{2,k_m'} = |V_{k_m}^{(m)}|(N-m-1)/r_{mn}^{(m)}$　　　　　　　　(5-51)

当 $F_{2,k_m'} \leqslant F_2$ 时,x'_{k_m} 从回归方程中剔除;当 $F_{2,k_m'} > F_2$ 时,x'_{k_m} 不剔除。

(4)引入因子 $x_{k_{m+1}}$ 的检验。

在第 m 步回归方程以外的因子中,选择对 y 作用最显著的因子,即其偏回归平方和

为最大的因子

$$V_{k_{m+1}}^{(m)} = \max_{j \in \bar{G}^{(m)}} V_j^{(m)} \tag{5-52}$$

则 $x^{(m)}k_{m+1}$ 的 F 统计量为

$$F_{1,k_{m+1}} = V_{k_{m+1}}^{(m)}(N-m-2)/(r_{mn}^{(m)} - V_{k_{m+1}}^{(m)}) \tag{5-53}$$

当 $F_{1,k_{m+1}} > F_1$ 时，接纳 $x_{k_{m+1}}$ 因子；否则不接纳。

（5）第 m 步的回归系数、复相关系数和剩余标准差。

第 m 步的回归方程为

$$\hat{x}_n(\text{即 } \hat{y}) = b_0^{(m)} + b_{k_1}^{(m)}x_{k_1} + \cdots + b_{k_m}^{(m)}x_{k_m} \tag{5-54}$$

其中

$$\left.\begin{array}{l} b_{k_j}^{(m)} = r_{k_j n}^{(m)} S_{nn}/S_{k_j} \qquad (j=1,2,\cdots,m) \\ b_0^{(m)} = \bar{x}_n - \sum_{j=1}^{m} b_{k_j}^{(m)} x_{k_j}^{(m)} \end{array}\right\} \tag{5-55}$$

复相关系数为

$$R_y^{(m)} = \sqrt{1 - r_{nn}^{(m)}} \tag{5-56}$$

剩余标准差为

$$S_y^{(m)} = S_{nn}\sqrt{r_{nn}^{(m)}/(N-m-1)} \tag{5-57}$$

5.3.3.3　逐步回归计算中的几个问题

在逐步回归分析时，经常见到下列实际问题：

（1）计算参数的选取。

在逐步回归计算中，为了避免系数矩阵（5-45）蜕化，要求 $r_{ii}^{(m)} \geqslant T_0$，$T_0$ 可取 0.000 1～0.001。当 $F_1 = F_2 = 0$ 时，则相当于多元回归法，这时 T_0 选取更小一些。

在剔、引因子时，因子贡献的显著性检验中的临界值 F_1 和 F_2 是显著性水平 α 和 Q 的自由度（$N-m-1$）的函数（参见文献[5]附录表2-1）。在逐步回归计算中，对给定的 α、F_1 和 F_2 随 m 而变化，应取不同的值。为方便计，并考虑 $N \gg m$，常将 F_1 和 F_2 取为常数，且 $F_1 > F_2$，一般在 2～4 之间，最小可取 1 左右，最大可取 10 以上。如果希望多选预报因子进入回归方程，则 F_1 和 F_2 可取小一些；反之，F_1 和 F_2 可取大一些。

（2）回归效果的检验。

在得到回归方程后，要进行预报的可靠性和稳定性检验，为此，可把观测数据分为两部分，主要部分用来建立回归方程，要求观测数据的组数 n 与预报因子的比值在 5～10 倍。少量部分不参加回归方程的计算，用做检验回归效果。当数据 n 太小时，可不用上述方法，而采用蒙特卡洛方法进行模拟检验，以确定回归效果。

5.3.4　其他回归分析方法

5.3.4.1　差值回归法

差值回归法的基本思想是尽量使各类自变量因子始终保持在相对独立的前提下进行回归计算，以避免由于自变量因子的相关性而可能产生的分离各个分量的偏差。为了达到这一目的，差值回归法采用下列步骤进行回归计算：

（1）建立等水位时的差值回归模型；

（2）建立剩余位移与水位相关的回归模型。

采用上述方法计算工作量很大，现在人们常采用史赖伯法则简化差值回归计算。史赖伯法保持了原差值回归的优点,克服了原差值回归法的最小二乘性在理论上不能证明的缺陷。

5.3.4.2　加权回归法

加权回归法常用于下列情况:

(1)观测系列的资料精度不同,将精度较高的资料赋予较大权。

(2)为了保证某些因子保留在回归方程内,必须赋予这些因子较大权。

5.3.4.3　正交多项式回归法

当多项式的项数很多、阶数较大时,将多项式回归化为线性回归,使回归方程的因子数增大。从而,可能出现下列两个问题:①为了改进拟合,需改变多项式的形式,从而回归系数 b_i 要重写,增加计算工作量。②化为法方程组后的系数矩阵的条件数将变为原来的平方,即“病态”程度将大大增加,使原来不“病态”的问题化为法方程后就会变得相当的“病态”。

对第二个问题,有必要采用具有更高数值稳定性的计算方法来解决。目前,常采用正交法和镜像映射法。

5.4　水工建筑物安全监控变量的统计模型

变形和应力观测物理量是监控水工建筑物运行工况的重要量,其中变形观测直观可靠,国内外普遍作为最主要的监控量。下面介绍混凝土坝等水工建筑物的变形统计模型、混凝土坝裂缝的开合度的统计模型,重点放在介绍模型中因子选择的基本理论和计算公式,并用实例加以说明。

5.4.1　变形监控统计模型

5.4.1.1　引言

众所周知,在水压力、扬压力、泥沙压力和温度等荷载作用下,大坝任一点产生一个位移矢量 δ ,其可分解为水平位移 δ_x、侧向水平位移 δ_y 和竖直位移 δ_z,见图 5-1。

按其成因,位移可分为三个部分:水压分量(δ_H)、温度分量(δ_T)和时效分量(δ_θ),即

$$\delta(\delta_x \text{ 或 } \delta_y \text{ 或 } \delta_z) = \delta_H + \delta_T + \delta_\theta \quad (5\text{-}58)$$

某些大坝在下游面产生较大范围的水平裂缝(见图 5-1),它对位移也有一定的影响,如何考虑裂缝的影响,则需要附加裂缝位移分量(δ_J),那么式(5-58)变为

$$\delta(\delta_x \text{ 或 } \delta_y \text{ 或 } \delta_z) = \delta_H + \delta_T + \delta_\theta + \delta_J \quad (5\text{-}59)$$

下面介绍上述各个分量中的因子选择的基本理论和公式,并根据观测设备埋设情况,提出因子选择的原则。

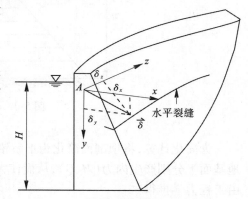

图 5-1　位移矢量及其分量示意图

5.4.1.2　选择统计模型各因子的基本理论和公式

从式(5-58)或式(5-59)看出,任一位移矢量的各个分量 δ_x、δ_y、δ_z 具有相同的因子,因此下面重点研究 δ_z(以下简称 δ)的因子选择。

1)水压分量(δ_H)的因子选择

在水压作用下,大坝任一观测点产生水平位移(δ_x),它由三部分组成(见图5-2):静水压力作用在坝体上产生的内力使坝体变形而引起的位移 δ_{1H},在地基面上产生的内力使地基变形而引起的位移 δ_{2H},库水重力作用使地基面转动所引起的位移 δ_{3H},即

$$\delta_H = \delta_{1H} + \delta_{2H} + \delta_{3H} \tag{5-60}$$

下面按不同坝型,分别讨论 δ_{1H}、δ_{2H}、δ_{3H} 的计算。

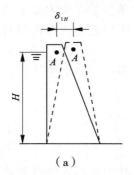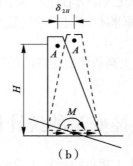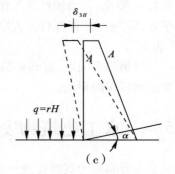

（a）　　　　　　　　　　　（b）　　　　　　　　　　　（c）

图 5-2　δ_H 的三个分量 δ_{1H}、δ_{2H}、δ_{3H}

（1）重力坝。

静水压力依靠悬臂梁传给地基。因此,作用在梁上的荷载 $q = rH$(即与 H 呈线性分布)。

① δ_{1H}、δ_{2H} 的计算公式(见图5-3)。

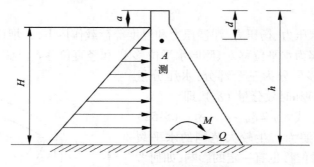

图 5-3　δ_{1H}、δ_{2H} 的计算简图

为简化计算,将坝剖面简化为上游铅直的三角形楔形体。在静水压力作用下,坝体和地基面上分别产生内力(M、Q),从而使大坝和地基产生变形,因而使观测点 A 产生位移。由工程力学推得

$$\delta_{1H} = \frac{\gamma_0}{E_c m^3} \left[(h-d)^2 + 6(h-H)(d\ln\frac{h}{d} + d - h) + \right.$$

$$\left. 6(h-H)^2 (\frac{d}{h} - 1 + \ln\frac{h}{d}) - \frac{(h-d)^3}{h^2 d}(h-d)^2 \right] +$$

$$\frac{\gamma_0}{G_c m} \left[\frac{h^2 - d^2}{4} - (h-H)(h-d) + \frac{(h-H)^2}{2}\ln\frac{h}{d} \right] \qquad (5\text{-}61)$$

$$\delta_{2H} = \left[\frac{3(1-\mu_r^2)\gamma_0}{\pi E_r m^2 h^2} H^3 + \frac{(1+\mu_r)(1+2\mu_r)\gamma_0}{2E_r mh} H^2 \right](h-d) \qquad (5\text{-}62)$$

式中　　h——坝高;

　　　　a——坝顶超高, $a = h - H$;

　　　　m——下游坝坡坡度;

　　　　d——观测点离坝顶的距离;

　　　　E_c、G_c——坝体混凝土的弹性模量和剪切模量;

　　　　E_r、μ_r——地基的变形模量和泊松比;

　　　　γ_0——水的容重。

在式(5-61)、式(5-62)中,对于长期运行的水库,可找出 a ($= h - H$)的均值(即 $\frac{a}{h}$ 的均值),因此,将 $\ln\frac{h}{a}$ (或 $\frac{h}{h-H}$)视为常数;同时,对特定的观测点, $h - d$ 也视为常数。所以,从式(5-61)、式(5-62)可以看出: δ_{1H} 与 H、H^2、H^3 , δ_{2H} 与 H^2、H^3 呈线性关系。

②δ_{3H} 的计算公式。

在上游库水重力作用下,引起库区变形,从而,使任一观测点产生水平位移 δ_{3H} (图5-2(c))。

严格地讲,推导库水重力引起的位移 δ_{3H} 十分复杂,因为库区的实际地形、地质都十分复杂。为简化起见,作下列假设:库底水平,水库等宽(如图5-4所示)。作此假定,基本满足分析要求。因为库盘变形引起的位移主要受靠近大坝处的地基变形的影响,而在这部分的水库可近似视为库底水平和等宽。

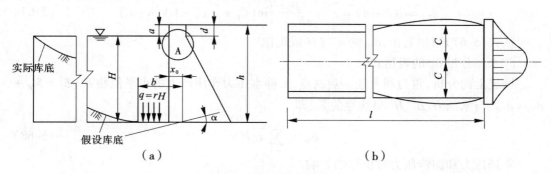

图 5-4　δ_{3H} 的计算简图

在上述假设下,可按无限弹性体表面作用均匀荷载 $q = r_0 H$ 的解答,求得坝踵处坝基

面的转角 α'（见图 5-4（a））。

$$\alpha' = \frac{2(1-\mu_r^2)q}{\pi E_r}\left\{\ln\frac{C_0+\sqrt{C_0^2+1}}{C_l+\sqrt{C_l^2+1}}+\frac{C_l}{C_b-C_l}\ln\frac{C_b+\sqrt{C_b^2+1}}{C_l+\sqrt{C_l^2+1}}+\right.$$

$$\left. C_b\left(\ln\frac{1+\sqrt{C_b^2+1}}{1+\sqrt{C_l^2+1}}-\ln\frac{C_b}{C_l}\right)\right\} \tag{5-63}$$

式中　l——水库长度；

　　　C——1/2 水库宽度；

　　　$C_b = \dfrac{C}{b}$；

　　　$C_1 = \dfrac{C}{l}$；

　　　$C_0 = \dfrac{C}{x_0}$；

　　　$q = \gamma_0 H$；

　　　b——库底平坡与变坡转折点的坐标；

　　　x_0——大坝形心 O 至上游坝面距离。

当水库长度 l 很长时，则 $C_l \to 0$，因此式（5-63）变为

$$\alpha' = \frac{2(1-\mu_r^2)q}{\pi E_r}\ln(C_0+\sqrt{C_0^2+1}) \tag{5-64}$$

若考虑库区基岩渗流水的作用，则存在渗流体力。因此，转角的修正系数

$$\alpha'' = \frac{1+\mu_r}{2(1-\mu_r^2)} = \frac{1}{2(1-\mu_r)} \tag{5-65}$$

所以，坝踵处的转角为

$$\alpha = \alpha'\alpha'' = \frac{(1+\mu_r)q}{\pi E_r}\ln(C_0+\sqrt{C_0^2+1}) \tag{5-66}$$

则库基变形产生转角使坝体任一点的水平位移为

$$\delta_{3H} = \alpha(h-d) = \frac{\gamma_0(1+\mu_r)H}{\pi E_r}\ln(C_0+\sqrt{C_0^2+1})(h-d) \tag{5-67}$$

从式（5-67）可以看出，δ_{3H} 或 α 与 H 成正比。

③水压分量 δ_H 的表达式。

通过上面分析，重力坝上任一观测点，由静水压力作用产生的水平位移 δ_H（$\delta_H = \delta_{1H}+\delta_{2H}+\delta_{3H}$）与水深 H、H^2、H^3 呈线性关系，即

$$\delta_H = \sum_{i=1}^{3}\alpha_i H^i \tag{5-68}$$

④扬压力和泥沙压力对位移的影响。

扬压力为上浮力，使坝体产生弯矩和减轻自重，从而使坝体产生变形；泥沙压力则加大坝体的压力和库底压重，也使坝体产生变形。两者对位移的影响如下：

a. 扬压力

坝基渗透压力可简化为上游 $0.5\Delta H(\Delta H = H_1 - H_2)$，下游为零；浮托力在坝基面上均匀作用 H_2。坝体扬压力在上游为水深 $(y-a)$，在排水管处为零（见图 5-5）。

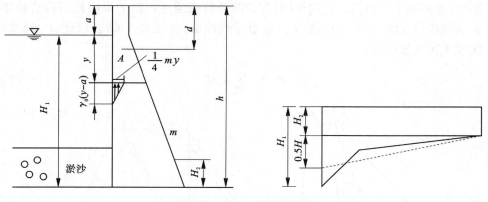

图 5-5 $\delta_{\mu H}$、δ_{bH} 的计算简图

用工程力学法可推得坝基扬压力引起观测点 A 的水平位移 $\delta_{\mu H}$，即

$$\delta_{\mu H} = \frac{6h\Delta H_2}{E_c m} \int_0^{h-d} \frac{1}{y^3}(h-y)(y-d)\,\mathrm{d}y + \frac{h\Delta H}{2mE_c} \int_0^{h-d} (2h-3y)(y-d)\,\mathrm{d}y$$

$$= \frac{6h\Delta H_2}{E_c m} f_1(h,d) + \frac{h\Delta H}{2mE_c} f_2(h,d) \tag{5-69}$$

从式（5-69）可以看出：坝基扬压力引起观测点 A 的水平位移与水头 H、下游水深 H_2 呈线性关系。同时，考虑上游水位是动态的，扬压力要滞后于库水位。因此，有些工程（如某重力拱坝）采用位移观测时的库水位与观测前 j 天的平均库水位之差（$\Delta \overline{H}_j$）作为因子，即

$$\delta_H = \alpha_f \Delta \overline{H}_j \tag{5-69a}$$

同理，推得坝身扬压力引起观测点 A 的水平位移 δ_{bH}，即

$$\delta_{bH} = \frac{5\Delta H^2}{16E_c m} f_3(h,d) \tag{5-70}$$

从式（5-70）可以看出：坝身扬压力引起观测点 A 的水平位移与水深 H^2 呈线性关系。同时，考虑上游水位的动态变化，扬压力要滞后于库水位，有些工程采用位移观测时的库水位与观测前 j 天的平均库水位之差（$\Delta \overline{H}_j$）的平方作为因子，即

$$\delta_H = \alpha_b (\Delta \overline{H}_j)^2 \tag{5-70a}$$

b. 泥沙压力的影响

在多沙河流中修建水库，坝前逐年淤积，加大坝体的压力和库底压重。在未稳定前，一方面逐年淤高；另一方面因淤沙固结，使内摩擦角加大，减小侧压系数。因此，泥沙压力对 δ 的影响十分复杂。在缺乏泥沙淤积资料和泥沙容重时，此项无法用确定性函数法选择因子。为简化计，可把泥沙对位移的影响由时效因子来体现，不另选因子。

（2）拱坝和连拱坝。

①梁或支墩的分配荷载。

拱坝由于水平拱和悬臂梁的两向作用，使水压力分配在梁上的荷载（P_a）呈非线性变化。同样，连拱坝由于拱筒的两向作用，有少部分荷载通过拱筒的梁向作用传给地基，大部分由拱筒传给支墩，该部分荷载（P_a）也呈非线性变化（见图5-6）。因此，P_a 通常用 H 的 2 次或 3 次式来表达：

$$P_a = \sum_{i=1}^{2(3)} \alpha_i' H^i \qquad (5\text{-}71)$$

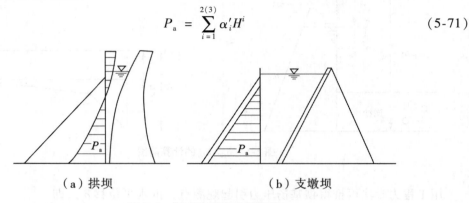

（a）拱坝　　　　　　　　　　　（b）支墩坝

图5-6　梁或支墩的分配荷载

②水压分量的表达式。

由于 P_a 与 H 成 2 次或 3 次曲线关系，因此与分析重力坝的原理相同，推得 δ_{1H} 分别与 H、H^2、H^3、H^4（或 H^5），δ_{2H} 分别与 H^2、H^3、H^4（或 H^5）呈线性关系，δ_{3H} 仍与 H 呈线性关系，写成通式为

$$\delta_H = \sum_{i=1}^{4(5)} \alpha_i H^i \qquad (5\text{-}72)$$

③其他因素的影响。

a. 扬压力：拱坝和连拱坝的扬压力对位移影响较小，一般可不考虑。若需考虑，计算公式同重力坝。

b. 泥沙压力的分析和处理同上。

c. 坝体变形重调整的影响。

拱坝在持续荷载作用下，坝体应力重分布产生可回复的调整变形。根据石门拱坝的分析成果，选择测值前的月平均水深（H_1）作为因子，即

$$\delta_{4H} = \sum_{i=1}^{3} \alpha_i H_1^i \qquad (5\text{-}73)$$

（3）水压分量 δ_H 的表达式。

综上讨论，δ_H 的数学表达式可归纳为表5-1。

表 5-1　δ_H 的数字表达式

坝型	静水压力	坝基扬压力	坝身扬压力
重力坝	$\displaystyle\sum_{i=1}^{3}\alpha_i H^i$	$\alpha_f \Delta \overline{H}_j$	$\alpha_b (\Delta \overline{H}_j)^2$
拱坝	$\displaystyle\sum_{i=1}^{4(5)}\alpha_{1i} H^i + \sum_{i=1}^{3}\alpha_{2i} H^i$	$\alpha_f \Delta \overline{H}_j$	$\alpha_b (\Delta \overline{H}_j)^2$

2）温度位移分量的因子选择

温度位移分量（δ_T）是由于坝体混凝土和基岩温度变化引起的位移。因此,从力学观点来看,δ_T 应选择坝体混凝土和基岩的温度计测值作为因子。温度计的布设一般有下列两种情况:坝体和基岩布设足够数量的内部温度计,其测值可以反映温度场;坝体和基岩没有布设温度计或极少量的温度计,而有气温和水温等边界温度计。

3）时效分量的因子选择

大坝产生时效分量的原因复杂,它综合反映坝体混凝土和基岩的徐变、塑性变形以及基岩地质构造的压缩变形,同时包括坝体裂缝引起的不可逆位移以及自生体积变形。一般正常运行的大坝,时效位移的变化规律为初期变化急剧,后期逐渐趋于稳定。

4）坝体裂缝因子的选择

不少大坝运行多年后,出现较多的裂缝。这些裂缝在一定程度上改变了大坝的结构性态,其中一部分产生时效位移（包含在时效位移中）。另外,有些缝（如纵缝和水平缝）的开合度随外荷（水压和温度）作有规律的变化,这些变化也直接影响大坝的位移。为反映裂缝张开或闭合对位移的影响,可选用测缝计的开合度测值作为因子,即 $\delta = \displaystyle\sum_{i=1}^{m_4} d_i J_i$。

第 6 章　　安全性态综合评判与决策

【本章内容提要】

(1)简要介绍安全性态综合评判与决策的概念；

(2)详细介绍水库大坝安全鉴定，包括基本要求、安全鉴定内容和具体实施；

(3)重点介绍病险水库的常见病态和除险加固工程措施。

6.1　概　述

原型观测资料的正分析、反演分析和反馈分析一般仅局限于单项物理量的观测资料分析，即根据原型观测资料(如变形、裂缝开合度、应力、扬压力和渗流量等)，在定性分析的基础上，应用数学力学方法，建立各种数学模型，并进行反分析，然后用以监测大坝的工作性态。这种方法对监控大坝运行和评判大坝工作性态起到了一定作用。但是，由于大坝的工作条件复杂，特别是复杂地基上在建高拱坝以及病坝、险坝，仅用单项观测量的数学模型进行分析，存在下列问题：①各个单项观测量之间的关系，从表面上看好像互为独立，而实际上相互间有一定联系，如变形、应力与裂缝开度以及扬压力等之间互有影响。从而，单项分析有时将难于解释某些异常现象。②发生事故的地点可能没有埋设观测设备。如：某重力坝的溢流坝面被冲坏事故，在事先就没有预测到。因此，需要定期巡回检查和目测。③影响水工建筑物安全的有些因素无法定量表示，如施工质量问题、混凝土老化和周围环境变化等。④各个因素对建筑物的作用会转化，如原来是次要影响因素的，随着时间和环境的变化，可能转化为主要影响因素。若不考虑这些因素，将得出不符合实际情况的结论。这在分析水工建筑物运行工况时也是常见的。

6.2　安全性态综合评判与决策

由于单项分析的局限性，我们提出用综合评判和决策来分析大坝等水工建筑物的工作性态。

综合评判和决策是收集各种类型的资料(包括设计、施工、观测与目测等资料)，对这些资料进行不同层次的分析(包括单项分析、反馈分析、混合分析以及非确定性分析)，找出荷载集和效应集之间的关系，拼出一幅综合反映大坝运行的图案。然后凭借专家的经验和洞察力，运用归纳、演绎中的逻辑思维和非逻辑思维方式，经过推理评判，找出问题的由来，并以此提出防范决策或处理方案。上述过程可用网络图 6-1 表示。

从图 6-1 中可以看出，综合评判和决策与单项分析不同点是：应用专家的智能对各个观测量进行综合分析，结合现场目测，将一些难以用变量形式表示的随机因素也列入分析对象，这样既抓住了主要影响因素，又能考虑一些次要影响因素或易被忽略的因素，借以全面评判大坝运行工况,决策防范措施。这在一定程度上具有人工专家系统的智能。因此,将综合评判和决策称为人工专家分析系统。

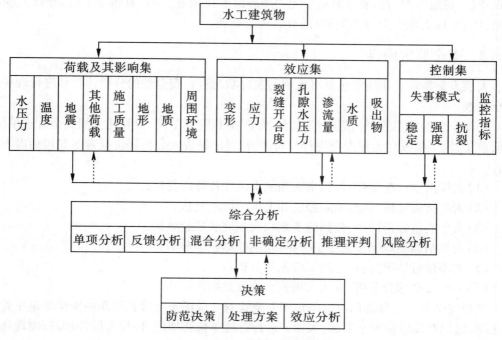

图 6-1　综合评判和决策网络图

6.3　水库大坝安全鉴定

根据国务院发布的《水库大坝安全管理条例》第 22 条的规定,水利部制定了《水库大坝安全鉴定办法》。

6.3.1　基本要求

根据水利部制定的《水库大坝安全鉴定办法》,本办法适用于坝高 15 m 以上或库容在 100 万 m³ 以上的水库大坝,坝高小于 15 m、库容 10 万 ~ 100 万 m³ 的小型水库,大坝可参照执行,本办法所称大坝包括永久性挡水建筑物以及与其配合运用的泄洪、输水、发电和过船建筑物。水库大坝安全鉴定基本要求如下:

(1)大坝安全鉴定实行分级负责:大型水库大坝和影响县城安全或坝高 50 m 以上的中、小型水库大坝由省、自治区、直辖市水行政主管部门组织鉴定;中型水库大坝和影响县城安全或坝高 30 m 以上的小型水库大坝由地(市)级水行政主管部门组织鉴定,其他小型水库大坝安全鉴定意见由县级水行政主管部门组织鉴定;水利部直辖的水库大坝,由水利部或流域机构组织鉴定。

(2)大坝管理单位及其主管部门必须对大坝按期进行安全鉴定。大坝建成投入运行后,应在初次蓄水后的5年内组织首次安全鉴定。运行期间的大坝,原则上每隔6~10年组织一次安全鉴定。运行中遭遇特大洪水、强烈地震、工程发生重大事故或影响安全的异常现象后,应组织专门的安全鉴定。无正当理由不按期鉴定的,属违章运行,导致大坝事故的,按《水库大坝安全管理条例》的有关规定处理。

6.3.2 安全鉴定内容

大坝安全鉴定工作通常包括对大坝的实际状况进行安全性的分析评价和进行现场的安全检查。

大坝安全鉴定主管部门应组织设计、施工、运行管理单位,或委托大坝安全管理单位、科研单位、高等院校对大坝安全进行分析评价,提出报告。分析评价报告主要包括以下各项:

(1)大坝洪水标准复核,包括水文和洪水调度计算的复核;

(2)大坝抗震复核,包括地震烈度和大坝抗震的复核;

(3)大坝质量分析评价,包括施工期和大坝现状质量分析;

(4)大坝结构稳定和渗流稳定分析,包括变形稳定分析;

(5)大坝运行情况分析,包括工程老化分析;

(6)大坝安全综合分析,提出大坝安全论证总报告。

大坝安全鉴定主管部门应组织现场安全检查。现场安全检查工作由安全鉴定主管部门主持,组织有关单位专家参加,大坝的运行管理单位密切配合,检查后,应编写出现场安全检查报告。现场安全检查内容按有关规范规定进行。

大坝安全鉴定过程中,发现尚需对工程补作探查或试验,以进一步了解情况作出判断时,鉴定主管部门应根据议定的探查试验项目及其要求和时限,组织力量或委托有关单位进行。受委托单位应按要求提交探查、试验成果报告。

在对大坝安全进行分析评价和组织现场安全检查的基础上,专家组应认真审查,充分讨论,对大坝的安全作出综合评价,并评定大坝安全类别,提出安全鉴定报告书。

大坝安全分类标准:

一类坝:实际抗御洪水标准达到部颁规范规定,大坝工作状态正常;工程无重大质量问题,能按设计正常运行的坝。

二类坝:实际抗御洪水标准不低于部颁水利枢纽工程除险加固近期非常运用洪水标准,但达不到《防洪标准》(GB 50201—94)规定;大坝工作状态基本正常,在一定控制运用条件下能安全运行的大坝。

三类坝:实际抗御洪水标准低于部颁水利枢纽工程除险加固近期非常运用洪水标准,或者工程存在较严重的安全隐患,不能按正常运行的大坝。

大坝安全鉴定工作结束后,鉴定主管部门即应进行总结,并将总结和安全鉴定报告书报上级主管部门审查备案。鉴定资料成果均应存档,长期妥善保管。

大坝主管部门和管理单位应根据安全鉴定结果、相应的运行意见和有关措施,对三类大坝,应立即立项,安排进行除险加固,限期脱险。在未除险加固前,大坝管理单位应制定保坝应急措施。

6.3.3　安全鉴定的具体实施

大坝的安全鉴定应逐个分别进行,鉴定工作由组织鉴定的主管部门负责主持,聘请有关专家组成专家组进行。

大型水库的安全鉴定专家组一般由 9 名以上专家组成,其中高级技术职称的专家人数比例不得少于 6 名。中型水库的专家组一般由 7 名以上专家组成,其中高级职称专家不少于 3 名。小型水库专家组一般由 5 名以上专家组成,其中高级职称专家不少于 2 名。专家组应包括下列各方面的人员:

(1)大坝主管部门的技术负责人;

(2)大坝运行管理单位的技术负责人和有关运行管理单位的专家;

(3)有关设计和施工部门的专家;

(4)有关科研单位或高等院校的专家;

(5)有关大坝安全管理单位的专家。

专家组中应含有水文、地质、水工、机电、金属结构等各方面的专家。

大坝安全鉴定专家的资格应经上级大坝安全主管部门认可,认可办法另行规定。

大、中型水库大坝的安全鉴定工作应按下列基本程序进行,小型水库大坝的安全鉴定程序可适当简化。

(1)水库大坝的安全鉴定主管部门下达安全鉴定任务,编制大坝安全鉴定工作计划。

(2)组织有关单位进行资料准备工作,对大坝安全进行分析评价,编写分项分析评价报告和大坝安全论证总报告。

(3)组织现场安全检查,编写现场安全检查报告。

(4)组建大坝安全鉴定专家组,审查安全分析评价报告、安全论证总报告和现场安全检查报告,召开鉴定会议,讨论并提出安全鉴定报告书。

(5)编写安全鉴定总结,上报和存档。

6.4　病险水库的除险加固

6.4.1　常见病态

病险水库存在的主要问题,一是防洪标准低,二是工程质量存在严重问题。

6.4.1.1　关于防洪标准低的问题

根据工程的等级和规模等,要求达到国家规定的标准。从当前来看,就是"78"标准(《水利水电枢纽工程等级划分及设计标准(山区、丘陵区部分)》)和"87"标准(《水利水电枢纽工程等级划分及设计标准(平原、滨海部分)》)。从水库失事分析,防洪标准低的原因居首位。其中,主要是工程防洪标准未达到国家规定要求,其次是遭遇稀遇的超标准洪水。我国多数水库是在 20 世纪 50 年代末 60 年代初建设起来的。当时大批水库仓促上马,多数水库是在"边勘测、边设计、边施工"情况下进行的。水文资料短缺,使设计洪水计算上也存在一些问题,一是水文资料系列短,一般都不到 30 年,用频率计算外延百年、千年或更长,其结果很不可靠;二是缺少水文资料,特别是中、小河流更少,借用附近河流或查阅大范围最大暴雨等值线图,计算结果更难可靠。同时,大量的小型水库并未经过正式设计,也未经过批准手续就修建起来,当然经不起洪水考验,造成大量的垮坝失事。我国垮坝失事分析中,96%是小型水库,也说明了这一问题。

6.4.1.2　关于工程质量差的问题

在施工中,没有实行"三制",即项目法人制、工程招标投标制和工程监理制,盲目追求进度和工程数量,忽视了质量,在工程中留下了隐患。

6.4.2　除险加固的工程措施

6.4.2.1　提高防洪标准工程措施

为了提高险库防洪标准,从除险加固工程措施来看,主要是:①适当加高大坝,增加调蓄能力;②加大泄洪设施,增加泄量;③适当加高大坝与加大泄洪设施并举。究竟采取哪一项措施,应结合工程具体情况,分别对待,既满足工程防洪标准的要求,又达到经济合理。在一般情况下,不宜采取上游新建水库或大量加高大坝作为提高防洪标准的措施。

1)适当加高大坝,增加调蓄能力

适当加高大坝,可以较大地增加库容,加大调蓄能力,提高防洪标准。它的优点是削减洪峰作用较大,对水库下游危害影响较小。一般"带帽"加高大坝的高度1~2 m,最大不超过3 m。若加得太高,必须加宽坝身,放缓坝坡,才能保证坝坡稳定。当坝内有发电或供水灌溉输水管道时,加高对其安全不利,也需要改建加长。如山西省漳泽水库(大型),大坝加高5 m,放缓下游坝坡,重做排水设施。坝内输水管道接长,并重做消能工程。如溢洪道与大坝相接,也带来溢洪道的边墙、闸墩和工作桥加高,这些都是大坝加高给建筑物本身带来的问题。如从库区来看,加高大坝也不应该带来更多的移民和淹没损失,以免增加过多加固投资。因此,一般不应加得太高。对主副坝较长的水库,加高坝会增加很大的土方量,这也是需要慎重考虑的。

2)加大泄洪设施,增加泄洪流量

为了提高水库防洪标准,也可扩大泄洪设施,加大泄洪能力。除挖掘已有泄洪建筑物潜力外,可在原溢洪道上扩宽或加深。当有困难且又有条件时,也可新建溢洪道,增加泄洪能力。如北京市密云水库增加了一个新溢洪道。当工程加固投资很大,一时难以进行加固时,为了减少投资,确保大坝安全,也有增建简易的非常溢洪道,并在其上建自溃土坝,抬高库水位,增加蓄水能力。超过一定水位,需要泄洪时,可以自溃,保证大坝安全。若大坝由主、副坝组成,可选择其中一个副坝作为非常泄洪措施,其坝顶高程适当降低0.5~1.0 m。有的还在其副坝内设置炸药室,确保必须使用时,能及时加快溃决,保证主坝安全。若副坝坝型不同,一般应使土石坝的坝顶高程高于混凝土或浆砌石坝,以防止土石坝漫溢溃决。大、中型水库坝顶都应设置稳定、坚固、不透水,且与土石坝坝体的防渗体紧密结合的防浪墙,以备万一挡水运用。在河南省"75·8"大洪水中,薄山水库防浪墙就起到了挡水作用,坝未漫顶失事。在扩大泄洪设施时,增加泄量不应超过天然来水量,并对泄洪道及水库下游可能发生的危害情况,做出统一安排,尽量减少损失。

3）加高坝和扩大溢洪道泄量相结合，提高水库防洪标准

这一措施既可以减小增坝的高度，又可增加泄量，水库上下游兼顾，在实践中，也较多采用。如北京市官厅水库，既增高了大坝，又扩建了溢洪道，满足了设计要求的防洪标准。具体对适当加高大坝和扩大泄洪设施的要求，前边已经论述，不再重复。

6.4.2.2 关于工程质量的问题

土石坝的工程质量问题具体表现在渗漏、滑坡和裂缝。概括起来，主要是防渗加固问题。一般处理防渗的原则是"上堵下排"。上堵的措施有垂直防渗和水平防渗。垂直防渗有混凝土防渗墙、高压喷射灌浆防渗、劈裂灌浆防渗、冲抓套井回填黏土防渗、土工合成材料防渗、射水造孔混凝土墙防渗和薄混凝土防渗墙等。水平防渗有黏土铺盖等。下排的措施有在坝体背水坡脚附近开挖导渗沟、减压井和盖重压渗等。总之，垂直防渗处理可以比较彻底地解决坝基和坝身渗漏问题，水平防渗结合下游排水减压导渗，虽然可以做到坝基渗透稳定，但仍有一定渗漏水量损失。水平铺盖分利用天然黏土和人工填筑黏土两种，这里简要提出应该注意的几点：①利用天然黏土铺盖要慎重，必须了解黏土的分布情况、厚度、干容重以及黏土下面覆盖层的厚度、粒径组成和透水性等；②人工填筑黏土铺盖长度与坝前设计水头比，实践总结 7～8 倍，最大有超过 10 倍；③黏土铺盖渗透系数应小于 1 000 倍地基的渗透系数；④黏土铺盖要避免与河床覆盖层渗透系数 $K > 10^{-2}$ cm/s 的透水层接触；⑤黏土铺盖要封闭大坝两侧岸坡，避免发生绕渗；⑥浅层弱透水层，可做导渗沟导渗；⑦表层弱透层较厚，其下强透水层很深，可做减压井导渗；⑧做导渗沟和减压井有困难时，可做压渗措施。在险坝防渗加固时，是采用垂直防渗，还是采用水平防渗与排水减压相结合，应按照技术可靠、经济合理的原则，根据防渗条件和要求，结合当地具体的地质和水文地质情况，通过方案比较，慎重研究确定。现就土石坝除险加固经常采用的垂直防渗措施加以简介。

1）混凝土防渗墙

它的机理是：使用专用机具（乌卡斯钻机），在已建成的坝体或覆盖层透水地基中建造槽型孔，以泥浆固壁，并利用高压泵将泥浆压入孔底，携带岩渣，再从孔底回流到地面，然后采用直升导管，向槽孔内浇筑混凝土，形成连续的混凝土墙，起到防渗目的。这种防渗墙可以适应各种不同材料的坝体及复杂的地基水文和工程地质条件。墙的两端能与岸坡防渗设施或岸边基岩相连接，墙的底部可嵌入弱风化基岩内一定深度，在施工中只要严格控制施工质量，是可以达到彻底截断渗透水流的。

混凝土防渗墙早在 20 世纪 50 年代初意大利和法国即开始使用，随后各国相继引进和推广，我国也开始对混凝土防渗墙进行研究和试用。近年来，国内外都有飞速发展，在应用范围和墙体材料种类方面有了新的进展。我国于 1958 年首先在山东省月子口（现名崂山）水库（中型）试验成功以后，相继在密云白河主坝、毛家村坝、铜街子、碧口、澄碧河、洪潮江、柘林和小浪底等坝使用，最深已达 80 m，已建成 40 多座坝基混凝土防渗墙和 10 多座穿过坝体并直达基岩的混凝土防渗墙，都获得了成功。

在应用范围方面，开始用在水工建筑物基础上，后来推广到险坝的处理、城市建筑物地下基础和海港码头等工程。在墙体材料种类方面，发展尤为突出，其主要原因如下：

（1）防渗墙嵌入基岩内，与地基联合受力。由于地基是松散的覆盖层或填筑料，在水

库蓄水后,会产生较大变形。防渗墙难以抵抗这种变形,只能随着变化,混凝土的弹性模量偏高,一般在 10 000 MPa 以上,允许变形很小,彼此不相适应,促使混凝土防渗墙产生较大应力,有可能引起墙体的裂缝。为此,曾采取在墙体内加设钢筋骨架、选用高强度等级混凝土及加厚墙体等措施,可以获得一定的效果,但是这些措施耗用钢筋、水泥等材料数量很大,因而加大了工程造价,延长了工期,这就迫使在墙体材料上,研究如何向塑性过渡,降低材料的弹性模量,使之与地基弹性模量相接近,以提高墙的抗拉强度,适应地基较大的变形。

(2)混凝土防渗墙在目前使用的各种防渗措施中,单价比较高,约 1 000 元/m²,在一定程度上限制了发展。如果使用塑性混凝土,掺入一定比例的粉煤灰、黏土或膨润土等,可以减少水泥用量,降低墙的成本。同时,仍具有一定的强度和较好的抗渗性能,这可促使更大范围的发展。基于上述原因,塑性混凝土墙才被研究提出。

20 世纪 70 年代,国外对塑性混凝土墙作了大量试验研究,并已应用到险坝加固处理、坝基防渗和土石围堰防渗等。例如,英国的 Balder Head Dam,1968 年建成,坝高 55 m,为心墙堆石坝。基础做了混凝土防渗墙,由于心墙漏水量大,采用了加膨润土的塑性混凝土防渗墙,与基础防渗墙相连接,成墙面积 8 240 m²,最大墙深 46.4 m,墙厚 0.6 m,渗透系数达 $(0.6 \sim 2.0) \times 10^{-7}$ cm/s,解决了心墙漏水的问题。其他如法国、智利等国家也都使用了塑性防渗墙,取得了较好的防渗效果,降低了工程造价。我国在"七五"期间进行了塑性混凝土墙的研究,并已用于新疆乌拉泊水库土坝、山西册田水库土坝、北京市十三陵抽水蓄能电站调节池土坝以及福建省水口水电站上、下游围堰等工程防渗墙中,取得了新进展。在此基础上,国外又发展出自凝灰浆防渗墙,类似混凝土防渗墙,在槽孔泥浆中加入缓凝剂和少量水泥,经搅拌均匀后,自凝而成墙体,起到防渗作用。自凝灰浆要同时满足造孔固壁和成墙两方面的要求,应具有一定的流动特性和后期成墙的强度。它类似塑性防渗墙,具有以下优点:弹性模量低,接缝质量易保证,墙体不易开裂,抗渗性能好,造价低,工艺也较简便。近几年来,我国也在研究,个别工程已开始应用,但尚需进一步实践和推广。

在混凝土防渗墙施工中,必须确保施工质量,尤其应注意两槽孔混凝土墙间连接问题,这是保证防渗的关键。在连接部位,从孔口至孔底的任一高度连接的墙厚必须达到设计厚度,而且混凝土墙间必须连接紧密,不能有夹泥层,以防渗透破坏。例如,北京市斋堂水库(中型),土石坝为黏土斜墙砂砾石坝,坝基砂卵石层深 48 m,采用混凝土防渗墙,在施工中,由于质量控制不严,槽孔两墙接头夹泥皮较厚,最厚处达 4 cm,有的被渗流冲蚀流失,造成漏水通道,坝面塌坑。后在接缝处钻孔,浇筑混凝土,堵塞了缝隙,水库才能恢复正常运行。

2)高压喷射灌浆防渗

它的机理是:按设计布孔,利用钻机钻孔,将喷射管置于孔内(内含水管、水泥管和风管),由喷射出的高压射流冲切破坏土体,同时随喷射流导入水泥浆液与被冲切土体掺搅,喷嘴上提,浆液凝固,在地基中按设计的方向、深度、厚度及结构形式与地基结合成紧密的凝结体,起到防渗作用。20 世纪 70 年代,由日本引进高压旋喷灌浆法,80 年代初由山东省水利科学研究所研究试验将旋喷改为定向喷射灌浆,用于险库坝基防渗,取得了较好的效果,迅速得到了推广。进入 80 年代后,湖南、辽宁、吉林等省在山东省已有经验的基础上,继续深入地结合实际工程进行了研究,进一步优化了施工工艺、专用设备、喷射形式、设计计算及相应的技术参数。在施工监控手段上研制了自动监测控制施工采用技术参数,从人工记录到电脑自记、自动报警,基本上杜绝了人为因素,提高了施工质量。设备方面也在不断更新改进,原有设备较为笨重,性能单一,使用不便,现研究出井口传动由液压代替机械,性能机动可调,喷射设备由原来三管同轴改为独立的三管输送装置,减少了事故发生。喷嘴设备改造后与原喷嘴相比,在具有同等喷射流量的情况下,其高压泵压力可降低 25% 左右。由于新技术的发展,其应用领域也不断扩大,从已建水利水电工程发展到新建工程,从新建临时围堰工程到新建永久坝基防渗工程,从水利水电工程防渗到冶金矿坑围护和工民建、地铁基坑防渗,从单一防渗到防渗加固直至建筑物的纠偏。目前,该项技术在我国 23 个省、自治区、直辖市的 100 余项工程中应用,营造防渗板墙约 100 万 m²,节约了大量资金。但也有不足之处,喷射机理有待进一步研究,各地施工随意性较大,应及早制定设计、施工和管理规范,以便在实践中有规可循。个别工程地质和水文地质了解不够,施工质量控制不严,未能彻底解决防渗问题,应予以高度重视。

　　3)劈裂灌浆防渗

　　20 世纪 70 年代末,山东省水利科学研究所研究人员大胆试验,在过去重力灌浆的基础上,在土坝中采取劈裂灌浆,使用一定压力,将坝体沿坝轴线小主应力面劈开,灌注泥浆,并使浆坝互压,最后形成 10~50 cm 厚的连续泥墙,达到了防渗目的。同时,泥浆使坝体湿化,增加坝体的密实度。这项技术不仅起到防渗作用,也加固了坝体。它的优点是可以就地取材,施工简便,投资省,工效高,较快地得到了推广。在广泛开展的基础上及研究人员的努力下,技术上有了一些新的进展,主要是应用范围越来越广,由过去规范规定坝高 50 m 以下的均质坝和宽心墙坝,并要求在低水位进行,近年来逐渐推广到超过坝高 50 m,不仅低水位能进行,高水位也进行;不仅可以劈裂坝体,也可以劈裂堤坝基础;不仅在宽心墙坝进行,在窄心墙坝也可以进行。同时,也应用到湿陷性黄土宽顶坝、沙坝等。例如,1988 年安徽省对里塘水库(中型)窄心墙坝进行劈裂灌浆,获得了成功。1990 年山东省水利科学研究所在江西省永丰县夫坑水库(中型)窄心墙坝中,当水库水位较高时,进行劈裂灌浆,也获得了成功,并将坝高突破了 50 m,达 50.4 m。大量试验研究的结果表明,在堤坝地基附加应力场影响范围以内,沿坝轴线也有一个铅直的小主应力面,只要沿堤坝轴线布孔进行压力灌浆,是可以实现定向劈裂的。例如,1985 年对山东省大沽河 200 km 的堤防进行劈裂灌浆,形成了堤身 5 m、堤基 3~4 m 的竖直连续防渗泥墙,较好地解决了堤身和堤基的渗漏问题。对新疆海子湾水库(中型)坝体和坝基进行劈裂灌浆,也取得了较好的效果。甘肃省靖远电厂贮灰坝,土料为湿陷性黄土,70%~80% 为粉土,由于施工质量差,干容重的合格率仅为 41.4%。采用劈裂灌浆后,防渗效果较好,也加固了坝体。

　　劈裂灌浆处理后,在堤坝内形成了竖直密实连续的防渗体,并提高了堤坝密实度,增强了坝体抗渗能力,改善了堤坝渗透稳定和变形,从而达到了除险加固的目的,其效果是显著的。但从全国来看,仅山东、湖南、四川三省发展较快,其他各省推广较慢。这主要是因为压力不好控制,害怕把堤坝劈坏了,灌进堤坝中的泥浆不固结,在灌浆过程中堤坝本身失稳、滑坡等。这需要正确理解劈裂灌浆机理,按规范要求严格控制施工压力,是可以取得上述效果的,当然也有不足之处,需要进一步研究。如劈裂灌浆与基岩和刚性建筑物接触处防止接触冲刷,与基础混凝土防渗墙、高压定喷墙结合等问题,有待进一步研究解决。

4)倒挂井防渗墙

在土石坝均质坝和心墙坝的防渗体中用人工开挖井孔,先在坝顶井口浇筑锁口梁,以固定井口位置,然后由上向下逐段开挖,逐段浇筑混凝土圈。20 世纪 70 年代中期,河北省在大搞农田基本建设中,开创起来了截断地下潜流进行农田灌溉。在此基础上,引用到险坝的防渗处理中。它的优点是单井施工,土拱作用,土压力小,施工安全度高。同时,单井工程量小,相应设备易解决。缺点是:由于防渗墙接缝多,副井开挖后,浇筑圈墙时,要凿除主井接触部位混凝土,施工困难,影响进度,也不易保证质量。80 年代,丹江口水利枢纽在处理土坝心墙(井深 22 m)渗漏施工中,在原来倒挂井防渗墙加固的基础上,加以改进创新,采用组井开挖,每 4 个单井为一组井,长 9.2 m,分序施工,相当于冲击钻槽孔式开挖,先挖单号组井,后挖双号组井,形成整体混凝土防渗墙。这种方法,比单井施工减少了接缝,保证了施工质量。同时,利用土拱作用,施工安全,质量有保证。混凝土防渗墙兴建后,上下游测压管水位较建墙前有了显著的变化,达到了防渗的目的。江西省苹村水库最大井深 48 m,每个井组开挖长度 7.2 m,施工也比较安全,同样达到了防渗目的。在组井之间设置垂直变形缝,深井设置水平滑移缝,以适应抗震的要求,改善墙身应力。实践证明,人工开挖技术简单,不需要大型机械设备和专业施工力量,造价比较低,基础处理彻底,不留隐患,在施工开挖中还可检查坝身质量,但采用此法施工需要降低库水位或放空水库进行,井深也不应大于 50 m。

5)冲抓套井黏土回填防渗墙

利用冲抓式打井机具,在土坝或堤防渗漏范围的防渗体中造孔,用黏性土料分层回填夯实,形成一个连续的黏土防渗墙。同时,在回填夯击时,对井壁土层挤压,使其井孔周围土体密实,提高坝体质量,从而达到防渗加固的目的。

20 世纪 70 年代初,冲抓套井黏土回填防渗墙由浙江省温岭县在处理险坝中首创,至今已有几百座水库和堤防采用此法处理渗漏,近年来不断得到完善和发展,逐步推广到江西、湖南、四川等 10 多个省。如浙江省温岭县太湖水库(中型)大坝为黏土心墙砂壳坝,最大坝高 24 m,坝顶长 633 m,坝体填筑质量很差,漏水比较严重,1977 年全坝采用冲抓套井黏土回填防渗。处理后,经受住了 1981 年 8 月最高洪水位 15.54 m 和 1982 年 11～12 月持续 25 d 库水位超过 14 m 的考验,原漏水部位未发现渗水,处理效果较好。实践证明,它具有机械设备简单、施工方便、工艺易掌握、工程量小、工效高、造价低(约 100 元/m²)、防渗效果好等优点,中、小型水库土坝使用较多。但该项措施仅适用于坝体渗漏处理,孔深一般不超过 25 m,若超过 25 m,易发生偏斜。回填土的搭接厚度达不到设计要求。对处理坝基渗漏,很难解决砂砾石和破碎岩石的清除,尤其在水下更难以施工,在雨季施工也有一定困难。

6)土工合成材料防渗

土工合成材料从水力特性可分为不透水的土工膜或土工复合膜和透水的土工织物。

前者可以代替防渗体,起到截渗隔水作用,后者可以代替砂砾石反滤料,起到排水和反滤作用。它的重量轻,运输量小,铺设方便,重叠部位可以黏结或焊接,比黏土防渗和砂砾石料排渗节省造价,缩短工期,容易保证施工质量。近年来,由于材料品种不断更新,应用领域逐渐扩大,施工工艺越来越先进,已从低坝向高坝发展。在 20 世纪 80 年代中期,我国先后在云南省李家菁和福建省犁壁桥水库土坝中采用土工膜代替原来防渗性能差的黏土心墙和斜墙,李家菁土坝还采用土工织物代替坝下游反滤体。李家菁水库(中型)位于云南省寻甸县,坝高 35 m,由于筑坝土料混杂、碾压质量差、坝体渗漏较为严重、下游排水体失效,致使浸润线抬高,存在着滑坡和渗透破坏的可能,危及大坝安全。1987 年开始,上游坝面铺设土工复合膜 17 800 m²,下游坝坡铺设土工织物滤层 2 800 m²,1988 年完成。复合膜造价为黏土方案防渗造价的 74.1%。后经过 5 年运行,其中,2 年放水后坝面检查,土料干涸,膜面除个别黄色珠状斑点外,均为鲜白,原带病运行的土坝下游坡面渗水和集中漏水点已全部停止,确保了大坝安全。犁壁桥水库(中型)位于福建省福清县,土坝坝高 38.3 m,背水坡存在大面积湿润现象,曾经采用过修建黏土斜墙和灌浆等措施进行防渗,但运行一段时间后,背水坡仍然出现大面积湿润现象。1988 年采用土工复合膜在土坝迎水坡作防渗层,铺设面积 1 845 m²,包括坝体护坡石拆砌在内,整个工期仅 30 d,单位造价仅 16 元/m²,只相当于采用黏土斜墙方案投资的 1/3。特别是施工简便,设备少,易于操作,而且这种防渗材料柔性好,能适应坝体变形,耐腐蚀,不怕鼠、獾、白蚁破坏等。处理后,水库经过 3 年汛期超过正常水位、持续时间长达 98 d 的考验,土坝背水坡未发现湿润现象,防渗效果显著,达到预期目的。在国外的西班牙的波扎捷洛斯拉莫斯(Poze de Los Rams)堆石坝,坝高 97 m,也采用了土工膜防渗,获得了成功。

土工膜与坝基、岸坡的连接。沿迎水坡坝面与坝基、岸坡接触边线开挖梯形固埋沟槽,然后埋入土工膜,用黏土回填。土工膜与坝内输水涵管连接,一般在涵管与土坝迎水坡相接段,增加一个混凝土制成的截水环,其迎水坡面是倾斜的,平行于土坝的迎水坡,将土工膜用沥青粘在斜面上,然后回填保护层土料。土工膜与坝基、岸坡、涵洞的连接以及土工膜本身的接缝处理是整体防渗效果的关键,应精心施工,严格检查,确保质量。

7) 射水造孔浇筑混凝土防渗墙

砂质、软土地基建造地下混凝土防渗墙,利用高速射流建造槽孔,以代替过去用乌卡斯钻机造孔,速度快,设备简单,除射水器是专用设备外,其他均为通用设备,造价低,每平方米约 200 元。具体施工方法是:利用高压水泵及成型器中射流的冲击力破坏土层结构,水土混合回流泥沙溢出地面。同时利用卷扬机操纵成型器不断上下冲动,进一步破坏土层,切割修整孔壁,造成有规格的槽孔,且用一定浓度的泥浆固壁,随后采用常规的水下混凝土浇筑,建成混凝土或钢筋混凝土防渗墙。

该项防渗墙由福建省水利水电科学研究所于 1982 年开始研究,当时针对江河堤防普遍存在的堤基渗漏问题提出的。通过 4 年多的研制和生产试验,取得了成功。先后在闽江堤防,莆田湄州岛地下水库,泉州、晋江防洪堤以及龙海船闸地基等工程中建造了混凝土防渗墙。1990 年后,又用于江苏省骆马湖和湖北省黄石市长江青山湖堤,均取得了较好的防渗效果。例如 1988 年 5 月在福建省福州市区防洪堤上应用,共完成深度为 10 ~ 13 m 的槽孔 474 个,共计 967 延长米,造孔面积 10 869 m²,造墙面积 9 910 m²。后经取样检查试验,防渗墙表面平整,墙体接缝紧密,墙厚 22 cm,墙最深 13 m,垂直误差小于 1/300,墙体混凝土强度为 13.8 MPa,渗透系数 $K = 1.27 \times 10^{-8}$ cm/s,各项指标均达到或超过设计要求。1990 年推广到江苏省骆马湖南堤,长 300 m 进行试验性处理漏水,也获得了成功。1991 年在骆马湖堤全面推广。近年来在长江、黄河等主要堤防也已采用,效果较好。

　　槽孔施工要注意的问题:①槽孔孔壁的垂直精度的控制,目的是要求相邻两个槽孔单墙之间的接头达到结合严密,不能产生较大偏差,以免形成漏水通道。施工中控制在 1/300 ~ 1/500,通过对已建成墙体的开挖检查,槽孔混凝土表面垂直度的偏差一般均小于设计要求的 1/300,是合乎要求的。②单槽孔墙的接头,一般采用平接。在建造二期槽孔的同时,要将一期已浇好的混凝土墙两端表面用射水清理和钢丝刷洗刷,以便与二期混凝土结合严密,达到防渗的效果。

　　这项防渗措施仅能用于均质土沙地基,不能应用于砂砾石或砂卵石层地基,应用范围有一定的局限性。

　　8)振动水冲法加固坝基

　　采用振动水冲器,产生水平振动力,作用于周围土体,同时从其端部及侧面进行射水及补给水,振冲器随之在孔中不断下降至设计加固深度,使土体处于饱和状态,并从地面向孔中逐段添加填料,每段填料都在振冲器振动作用下被振挤密实,待达到要求密实度后,提升振冲器,逐段上提,直至地面,从而形成具有相当直径密实的砂(石)料桩柱。振冲器振动力对不同土质起到不同的作用。对砂性土坝基,振冲器振动力向饱和砂土传播振动加速度,使其周围一定范围内砂土产生振动液化。液化后的土粒在重力、上覆土压力以及外填料的挤压力作用下重新排列密实,孔隙比减小,承载力提高,同时振制的石料桩柱还是排水较好的通道,可以降低地震时产生的超孔隙水压力,提高砂基的抗震力。

　　上述险坝八项垂直防渗加固措施,在实际工程中应用都取得了显著的防渗和加密效果。'98 大洪水后,为了加固堤防和病险水库土石坝,从国外引进了振动沉模成墙和薄抓斗成槽造墙技术;我国最新研制的锯槽成墙、液压开槽机成墙和多头小直径深层搅拌桩截渗墙等技术,多用于砂层、砂砾石层,墙厚一般为 0.1 ~ 0.3 m,深度在 20 m 左右,每平方米造价多在 200 ~ 300 元,比混凝土防渗墙和高压喷射灌浆防渗墙都便宜,效果较显著,施工进度也较快。

参 考 文 献

[1] 吴中如. 水工建筑物安全监控理论及其应用[M]. 北京:高等教育出版社,2003.

[2] 二滩水电开发公司. 岩土工程安全监测手册[M]. 北京:中国水利水电出版社,1999.

[3] 赵志仁. 大坝安全监测设计[M]. 郑州:黄河水利出版社,2003.

[4] 张树侠,吴简彤. 数据建模及预报[M]. 哈尔滨:哈尔滨工程大学出版社,1999.

[5] 陈久宇,林见. 观测数据的处理方法[M]. 上海:上海交通大学出版社,1987.

[6] 四川省电力工业局,电力教育协会. 水电站大坝安全管理与监测技术[M]. 北京:中国电力出版社,2001.

[7] 中华人民共和国国家经济贸易委员会. DL/T 5178—2003 混凝土坝安全监测技术规范[S]. 北京:中国电力出版社,2003.

[8] 中华人民共和国水利部,中华人民共和国电力工业部. SL 60—94 土石坝安全监测技术规范[S]. 北京:水利电力出版社,1994.

[9] 水利部大坝安全管理中心. SL 258—2000 水库大坝安全评价导则[S]. 北京:中国水利水电出版社,2001.

[10] 杨杰. 大坝安全监控不确定性问题的分析方法与应用研究[M]. 北京:中国水利水电出版社,2011.

参 考 文 献